张斌彬 李 纲 李晓雷 著

团队·拓展
——户外拓展训练与团队创造力研究

U0253125

黄河水利出版社

·郑 州·

图书在版编目（CIP）数据

团队·拓展 ：户外拓展训练与团队创造力研究 ／ 张斌彬，
李纲，李晓雷著. — 郑州 ：黄河水利出版社，2019.5
ISBN 978-7-5509-2377-5

Ⅰ．①团… Ⅱ．①张… ②李… ③李… Ⅲ．①拓展训练－
关系－团队管理－研究 Ⅳ．①G895②C936

中国版本图书馆 CIP 数据核字（2019）第 105647 号

出 版 社：黄河水利出版社
　　　　　　地址：河南省郑州市顺河路黄委会综合楼 14 层　　邮政编码：450003
发行单位：黄河水利出版社
　　　　　　发行部电话：0371－66026940、66020550、66028024、66022620（传真）
　　　　　　E-mail：hhslcbs@126.com
承印单位：虎彩印艺股份有限公司
开　　本：710 mm×1 000 mm　　1/16
总 印 张：15.25
总 字 数：282 千字
版　　次：2019 年 5 月第 1 版　　　　　　印次：2019 年 5 月第 1 次印刷
定　　价：75.00 元

前　言

在当今社会商品经济和知识经济日益发展，社会竞争日趋激烈的形势下，每个人都面临着由知识的不断更新而带来的巨大挑战，为了适应社会，我们必须不断增强自己的学习能力。传统的大学体育教育模式基本上是以"教"为主的传授式学习，培养大学生在知识、技能等方面的能力，并且掌握一些科学锻炼身体的方法和技能。但是当大学生面临巨大压力和挑战时，却往往表现出信心不足，缺乏勇气和胆量。为了更好地适应社会的发展进步和满足高素质人才的需求，这就迫切需要一种更新的、更先进的体育教育形式，而"拓展训练"恰恰能满足这些需求。

户外拓展训练是现代西方国家的一种新兴的教育方式——体验式学习，它以身体活动为手段载体，以游戏为活动形式，以挖掘潜能熔炼团队为目标进而完善人格的学校教育模式。拓展训练不仅具有传统体育项目的教育功能，而且能很好地弥补传统学校教育在培养学生心理健康和发展社会适应能力方面的不足，从而能很好地体现和满足体育多元化教育目标，很好地完成素质教育的教育任务。同时还能让学生在解决问题、接受挑战的过程中，激发个人潜能，增强团队活力、凝聚力和创造力，从而达到磨炼意志、陶冶情操、完善人格、熔炼团队的训练目的，它将是大学体育教育中一种更新颖的学习模式。将户外拓展运动引入高校体育教学实践是高校体育教学的一种创新和发展，是新时期高校培养全面发展的高素质人才的必然要求，也是当代大学生拥抱自然、挑战自我，进行终身体育的客观需要。本书旨在开展团队训练的基础上，指导学生进行户外团队合作，增强团队合作的意识和观念。

本书主要研究户外拓展训练的起源发展、户外拓展训练的功能特点、户外拓展训练的实践内容、户外拓展训练的项目、户外拓展训练的安全要求与管

1

理、户外拓展训练实施的实物基础、户外拓展训练的团队概述、团队成员之间的沟通、团队拓展训练的常识。本书承担执笔任务的是（以章节的先后为序）：张斌彬负责前言、第一章、第二章、第三章、第四章、第五章、第六章；李纲负责第七章；李晓雷负责第八章。本书理论结合实际，具有很强的应用价值，对户外运动的爱好者具有一定的参考价值。

作者

2019 年 5 月

目 录

第一章　户外拓展训练概述

户外拓展训练是一种新型的培训方式，它的产生和发展已有 100 多年的历史，进入中国，有几十年的时间。但是户外拓展训练因其独特的培训方式和明显的效果迅速风靡全球，在很短的时间获得迅速的发展，对传统的教育培训方式形成了强烈的冲击。究竟什么是户外拓展训练？它有哪些功能与特点？为何发展如此迅速？本章对此进行简单的概述。

第一节　户外拓展训练起源与发展

一、户外拓展训练的起源

现在户外拓展训练越来越受到人们的重视并广泛应用。但在人类社会有着丰富的教育培训历史的长河中，户外拓展训练的产生仍然是相对短暂的。户外拓展训练源于英文 outward bound，其字面意思是"出海的船"。最初在航海中使用，是船队即将出发、召唤船员上船的船语。后来被人们解释为：在暴风雨来临之际一艘小船离开安全的港湾、抛锚起航，驶向波涛汹涌的大海，开始未知的旅程，勇敢地迎接未来无数的挑战，在面对和战胜风险与困难的同时，去发现和创造新的机遇。

户外拓展训练来源于一个真实的历史故事。在第二次世界大战时，盟军海上运输线遭到了沉重的打击，损失惨重，航行在大西洋上的很多船只由于受到攻击而沉没，众多的船员落水，在茫茫大海中漂泊，面临生与死的考验。令人非常惊奇的是，能够战胜恶劣条件生存下来的人，并不像人们想象中的那样应该是身强体壮、年龄处于青壮年的人，反而大多数都是年龄相对偏大的甚至是年老体弱的人；而且存活下来的大多数人，都是多个人结伴而归的，也就是说他们是以一种集体合作的形式存活下来的。这些人之所以能活下来，关键在于这些船员有着共同的特质，即良好的心理素质、强烈的家庭责任感和求生欲望，以及良好的团队合作精神和意识。这种现象引起德国教育学家库尔特·哈恩的关注，针对盟国大西洋船员的伤亡情况，他提议利用一些自然条件和人工设施模拟海难的场景情况，让那些海员们尤其是年轻的海员做一些具有心理挑战的活动和项目，以训练和提高他们的心理素质，提高应对海上危机和生存的能力。

库尔特·哈恩，1886年出生于柏林的一个犹太家庭，他从小喜欢远足探险和亲自动手实践操作，父母在这方面也给予了他很大的认可和支持。在家庭的熏陶和自己的努力下，通过各种探险和实践锻炼，使他形成了坚强的意志。他认为一切知识来源于实践，学农要从种植开始，学哲学要从辩论开始，经验来自于亲身体验，通过亲身体验可以获得长久乃至终身不忘的记忆。后来库尔特·哈恩创办了一所学校，以"从做中学"的理念来实现他的愿望。1934年，库尔特·哈恩设立了 Moray badge 奖，只要做到以下四个方面就可以获此殊荣：在某种运动中获得卓越的成绩，有到海上或陆地上进行探险的经历，经过努力掌握某种特殊的技能或者热衷于某方面的调查研究工作，乐于参加社会公益活动。

在户外拓展训练的起源过程中，还有另外一个人也做出了重要的贡献，即当时的船业公司老板劳伦斯·霍尔特。劳伦斯·霍尔特非常了解船员的意志和精神对于航海行船的重要性，他也同样担心英国在大西洋上的船只受损后船员伤亡状况，并且也同样认为船员在船只被击沉或者遭遇海难时的生存能力是可以通过培训得到提高的。库尔特·哈恩和劳伦斯·霍尔特在船员意志和素质的培训方面形成了共同的观点，在库尔特·哈恩的建议下，1941年他们在威尔士联合创办了阿伯德威海上学校，取名为 Outward Bound 学校。在这所学校里年轻海员在海上的生存能力和船触礁后的生存技巧得到训练，使他们的身体和意志都得到锻炼。当然该校并不仅仅针对年轻商船海员，来此培训的，不仅包括霍尔特公司和其他轮船公司的年轻职员，还包括很多政府用船的年轻海员，还有工厂的学徒、警察、消防员以及军校的队员，从普通学校放假或者即将参军的男孩子。阿伯德威的训练一般在一个月左右，内容包括小船驾驶训练、体能训练、用地图指北针跨越乡村的野外训练、救援训练、海上探险、穿越三个山脉的陆地探险以及对当地居民的服务活动。他们希望通过该校的学习可以在自然环境中获得深刻体验，锻炼船员的意志和合作精神。尽管 Outward Bound 学校的创业经历了诸多困难，但它还是成长起来了，一批又一批的年轻人从 Outward Bound 学校的培训中得到了艰难而又宝贵的生活体验。战争结束后，许多人认为这种训练可以继续保留，随着管理心理学、组织行为学以及发展心理学等相关学科理论的融入，户外拓展训练成为适应企业管理规范和团队建设的一种培训课程。这种训练利用户外活动的形式，模拟真实管理情境，对管理者和企业家进行心理和管理两方面的培训。

二、国外户外拓展训练的发展

户外拓展训练——体验式培训的一种形式，在香港被称作"外展训练"，源于国际组织 Outward Bound，1995 年 3 月被引入中国内地时改称为"户外拓展训练"。

1946 年 Outward Bound 信托基金会（Outward Bound Trust）在英国成立，目的是推广 OB 理念并且筹集资金创建新的 OB 学校，OB 信托基金会拥有 OB 的商标，掌握着该商标使用许可证的发放。OB 国际组织下属的 Outward Bound School（OBS）已经遍布全球五大洲，共有 40 多所分校，这些分校秉承了哈恩的教育理念，受训人员包括学生、家长、教师、企业员工和各级管理人员。

OB 在得到认可之后，慢慢地被教育系统的人士所关注，他们派了很多教师和学生参加体验活动，此后主流教育学校和 OBS 进行了各领域的合作，有一段时间 OBS 在普通学校中也设立了一些分支机构，并被称为"学校中的学校"。

在对 OB 的研究与运用中，以其为基础产生了诸多衍生课程，开展有针对性的教育培训。其中影响力较大的有 Project Adventure（简称 PA 组织，通常称为历奇训练），Expeditionary Learning（简称 EL 外展训练）和以问题为本的学习（Problem Based Learning，PBL）等，这些课程在得到认可的同时，也得到了一些国家教育机构的帮助，在实践推广的同时，相关的理论研究水平也同步得到了发展，各种论文和研究专著的不断发表使其获得了更多的理论支持。

在亚洲地区，新加坡最早建立了 OB 学校，此后中国香港、日本先后引进了这种体验式教育的课程模式。由于它适应了我们所处的时代对完善人格、提高素质和回归自然的需要，成千上万的人参与其中，一同感受 OB 带来的令人震撼的学习效果，同时参加此类课程也成为现代人生活的新时尚，近几年呈现不断升温的趋势。

三、国内户外拓展训练

1970 年，中国香港成立了香港外展训练学校，是中国第一个加入 OB 国际组织的专业培训机构，1999 年该组织在广东肇庆建立了外展训练基地，成为训练组织下属的国内第一个培训基地。

随着国内户外拓展训练的普及，参训单位也由最初的外企、MBA 队员发展到国企、事业单位，参训队员从高层领导直至普通员工，以及新员工融入培训。从

1995 年户外拓展训练在我国开始至今，列入世界 500 强的跨国公司，如通用电气、IBM、惠普、柯达、爱立信等都开始继续它们喜欢的这种培训活动，国内知名企业如联想集团、清华紫光、北大方正、海尔等企业也都把这种培训课程作为员工教育培训机构的必修课。现在每年参加户外拓展训练的人数在不断增加，粗略估计全国每年参加的人数不少于 30 万。

1999 年，清华大学率先将体验式培训引入到 MBA、EMBA 的教学体系中，随后北京大学管理学院、中欧国际工商学院、中山大学岭南学院、浙江大学、中国工商管理学院、暨南大学等学校的 MBA/EMBA 教育中也纷纷把户外拓展训练列为指定课程内容。

伴随着户外拓展训练的改革和发展，相关课程朝着多样化的方向发展，其中涉及的活动内容变得越来越丰富。户外拓展训练把其中的经典活动项目作为主体部分，在此基础之上还加入了野外、室内的活动项目，甚至在多种多样的教育培训活动、年会活动与旅游活动等当中会穿插相关的户外拓展项目，用来丰富活动内容和进行活动形式的拓展。同时，户外拓展训练活动的把控难度大幅提高与人们渴望达成的效果存在较大的差距，假如无法对训练活动的实践过程进行有效把控则极有可能导致活动的实施偏离正常轨道和活动组织落实的初衷，甚至发生南辕北辙的问题，是无法促成共赢局面的。

户外拓展训练在培训环节广泛推广应用，并且迅猛发展起来，推动了户外拓展训练应用范围的扩大，但与此同时也引发了诸多潜在问题。不少并未获得培训资质的组织机构也加入其中，导致相关培训机构鱼龙混杂，不少不具备培训资质的户外拓展训练教师滥竽充数，甚至是不思进取沾沾自喜。面对这些日益发生的不良问题，乐观者的看法是伴随市场规范程度的提高，行业标准的制定和相关资质认定标准的提出会发生转变，让这些实际问题迎刃而解，而悲观者的看法是户外拓展训练的行业以及师资不具备自律性会导致这一训练项目在发展当中走入死局。随意者则持有得过且过的态度，不断在行业发展当中摸索，同时也在观望和寻求发展改变的契机。

伴随户外拓展训练这一全新项目的创新发展以及所处行业完善程度的提高，我国在户外拓展训练方面也会朝着大范围普及推广的方向发展，而且相关训练也会持续提高。提高和普及是两个不同的方向，在特定的背景之下，二者有可能发生背离也有可能实现高度统一。面对户外拓展训练的未来发展，我们要做的是要一手抓提高、一手抓普及，两手都要抓好。目前，很多具备户外拓展训练实力的学校、培训组织等机构已经在发展户外拓展训练的过程当中累积了丰富资本，需要承担起提高和普及户外拓展训练的责任与义务，履行好社会责任。学校教育方面也要担当责任，并为户外拓展训练的提高与推广创造良好条件，加强与其他机构的合作与互动，并在实践当中积累经验。在普及工作的实施方面，经营多年还没有获得重大机遇的培训公司以及最新入行者、教学机构、民间爱好者组织的协会与团体等在普及工作当中发挥着积极作用，而且作用不可小觑，特别是有助于普通人认识和学习户外拓展运动。同行之间需要秉持乐观积极的态度，保持卓越向上的精神，主动参与户外拓展训练的提高和普及工作。

第二节　户外拓展训练的功能和特点

一、户外拓展训练的基本目标和功能

1. 个体角度

户外拓展训练的基本目标和功能包括个体和团队两个大的方面。从个体的角度来看，户外拓展训练的基本目标和功能至少包括以下几个方面。

（1）认识自身潜能，增强自信。这是户外拓展训练带给参训队员最突出的收获。人本身有很多的潜能尚未发挥出来。现实中的很多人往往都存在一定程度的或者某一方面的自卑和挫败感。而户外拓展训练通过帮助人们战胜各种看似难以逾越的鸿沟和挑战，使人们发现自己的诸多潜能，发现了自己原来认为做不到的很多事可以轻松完成。这对于培养人们的自信有着不可言喻的神奇效果。这对人们在社会上谋生立业、面临和应对诸多复杂的挑战和困难，形成了个人内在的极为重要的精神支柱。

（2）磨炼和形成战胜困难的意志品质。人生在世，不如意事常八九，不可能事事顺心顺利，甚至很多人难免要经历一定程度或某一方面的逆境。能否勇于和善于面对与处理逆境中的困难，顺利度过艰难时光而不产生恶劣的后果和影响，最为关键的，不仅仅要看一个人是否自信，还要看他的意志品质是否坚强。在现实生活中，有的人遇到困难和挫折就唉声叹气、萎靡不振，而有的人越是在困难和逆境面前越是坚定从容。哪种人能适应社会、取得更好的成就？答案很简单：成功无疑是更多地属于意志坚定的人。户外拓展训练通过模拟场景的训练，对于人们形成在逆境和挑战面前保持处变不惊、韬光养晦、坚强耐久等良好的品格具有非常大的帮助。

（3）锻炼和启发人们的想象力和创造力，提高解决问题的能力。现代社会发展日新月异，新问题、新挑战层出不穷，需要人们在自信、意志坚强、有耐力的同时，还必须富于想象力和创造力，否则很难跟上时代的步伐，难以应对诸多新事物、新变化。而户外拓展训练能够帮助人们解决看似解决不了的各种难题和挑战，训练和提升人们的想象力和创造力。

（4）改变自身形象和人际关系。个人形象在现代社会中非常重要。一方面，它是个人自身生理和精神生存状态的直接体现；另一方面，个人形象也是现代社会中个人进入公众视野、与社会和公众接触的无言的广告。所以个人形象对于一个人的存在状态和进入社会发展都具有重要的作用。户外拓展训练中的个人通过挑战各项活动，使自身的状态和行为得到了提升和纠正，这对于形成积极上进的形象具有很大的作用。众多的户外拓展训练受训者反映，很多人通过户外拓展训练以后，其精神状态和言谈举止像换了一个人似的，能够更好地参与社会活动并为社会所接受。

（5）认识群体的作用，学会关心别人、与别人进行有效的沟通，更为融洽地与群体合作。如何对待周围的人和群体，如何与别人进行有效的沟通与合作，是现代社会中必修的常课。对于个人来说，当今社会中是否能够善于处理人际关系、善于与周围的群体或团体中的成员进行有效的沟通与协作，是决定一个人能否有所作为的重要基础。而在户外拓展训练中，队员通过战胜各种挑战和困难，必须学会和善于与其他成员进行有效的、积极的沟通与协作，而这首先需要彼此信任。因此，通过户外拓展训练，可以帮助人们正确认识群体的作用，学会信任和关心别人、善于与别人进行有效的沟通，更为融洽地与团队其他成员合作，更好地融入现实社会。

2. 团队角度

从团队的角度来看，户外拓展训练的基本目标和功能至少包括以下几个方面。

（1）锻炼和提升团队的成员素质。一个团队成员的素质，是决定团队前途命运的最终决定因素。团队成员包括其中的领导者、管理阶层和普通人员。其中，领导者和管理者的领导和管理能力、普通成员的基本素质都从不同的角度对团队整体战斗力产生重要影响。户外拓展训练既可以锻炼和提升普通员工的基本素质，如较强的自信心、毅力和耐力以及想象力和创造力、与别人有效沟通和信任、协作的能力等，也可以训练和提升领导者和管理者的领导能力、管理能力、危机处理能力等。

（2）锻炼和提升团队角色认知能力和水平。在一个优秀的团队中，团队成员必须认清并找准自己的角色和位置，对自己进行明确的定位，清楚自己在某项任务中能干什么、适合干什么、应该干什么以及如何干，这是实现团队总体目标的基础。而在现实生活中，角色认知错位的现象及其后果比比皆是。户外拓展训练项目的完成，就要求团队成员必须准确认知自己的角色，提高团队角色认知的能力和水平。

（3）锻炼和提升团队的沟通、信任和协作能力。团队信任、沟通和协作能力是指团队成员之间坦诚相待、及时沟通、彼此信任、相互协作，有效地解决问题的能力。彼此信任是有效协作的前提。缺乏信任就会让团队成员在彼此的不信任中浪费大量时间和精力，并导致团队整体效率低下。而信任是以及时有效的沟通为前提的。一个优秀的团队，必须有较高的团队沟通、信任和协作能力，才能干事且才能干成事。俗语说，"众人拾柴火焰高""三个臭皮匠顶一个诸葛亮"。有着良好的信任和协作能力的团队无疑更容易取得成功。户外拓展训练的项目对于人们的沟通、信任和协作与配合有着较高的要求。通过户外拓展训练可以锻炼和形成团队成员的沟通能力、信任能力和协作意识，提高团队的整体战斗力，更好、更快地实现团队目标。

（4）锻炼和提升团队的目标管理能力和水平。这是提升团队凝聚力的关键。确定和形成明确的共同一致的目标，是一个优秀团队形成的首要任务。户外拓展训练中团队成员必须就该团队要完成的目标达成一致意见，甚至要对目标进行分解细化，目标的形成与科学管理是通过户外拓展训练各种挑战的前提，对于提高团队的目标管理能力大有裨益。

（5）锻炼和提升团队的执行能力和水平。一个优秀的团队，不仅要有明确的目标，还必须有良好的执行能力。一个团队的执行能力如何，是衡量该团队竞争力的重要因素。如果只是有好的目标或者一大批人才，但却难形成高效率的执行能力，则该团队就将无所作为，丧失各种发展良机。户外拓展训练要求各位成员具有团队意识，彼此有效合作并各自尽力，形成团队高效的执行能力，才能最终取得胜利。户外拓展训练对锻炼和提升团队的执行能力和水平很有帮助。

二、户外拓展训练的特点

户外拓展训练是一种将体育技术作为根本原理，有效运用以及整合多样化资源，同时加入科学技术利用个性化和独特性的情景设计，利用专业户外项目体验来引导广大参与者改变态度和心智，完善和约束行为达成美好愿望和生活愿景的综合性训练方法。

户外拓展训练是一种带有明显创新性特征的体验性学习与训练策略，特别适合现代人及其现代组织机构，能够满足现代人追求挑战和刺激的需求，也能够让广大参与者的综合素质得到发展。而这些人以及组织主要是利用户外拓展训练提高人们的团结协作意识以及持续进取的精神，帮助企业以及相关组织机构调动广大成员的热情，挖掘内在潜能，提高团队的创造力以及凝聚精神为团队生产力和核心竞争实力的发展提供必要支持与有效保障。

户外拓展训练在目标和功能方面具有很强的独特性，不仅如此，还具有自己独特的特点，与传统的教育方式有着鲜明的区别，如表1-1所示，具体表现在以下几个方面。

表1-1　户外拓展培训与传统教学的对比

体验式教学（户外拓展培训）	传统教学
即时的感受	过去的知识
领悟和体认（通过自身体验来认识）	记忆
团队学习	自主学习
注重观念、态度	注重知识、技能
直接接触	无接触
高峰体验	单一刺激
以队员为中心	以教师为中心
个性化学习	标准化学习
现实化	理论化
强调做中学	强调学

（1）时尚性：能够适应现代人追求时尚潮流的心理，满足人们提升素质、健全人格和渴望回归自然的实际需要。

（2）突破性：户外拓展训练既不是单纯地把娱乐和体育项目叠加起来，也不是对参与者实施魔鬼般的训练，而是要突破传统教育模式，对传统教育进行高度提炼与补充延伸，以便彻底突破常规，产生全新的价值。

（3）丰富性：户外拓展训练的活动内容都把体验性学习和体验性实践作为根本方向，能够为人们提供一种丰富和综合的活动体验，让他们在短暂的拓展训练当中获得充实且丰富的感受，而不会生出消极倦怠的心理。

（4）挑战性：涉及的全部拓展训练项目都是拥有一定难度的，可以给参与者带来挑战和一定的刺激，让他们的体能以及心智得到有效锻炼。

（5）自然化：户外拓展训练特别提倡和自然的交互与整合，倡导运用自然的学习与训练方法，在自然的状态之下推动个体的成长与发展。

（6）团体性：户外拓展训练是在分组形式之下推进实施的，特别提倡各个小组的倾力协作，具有很强的团体性特点。在整个活动的实施当中，参与者会面对相同的困难以及挑战，要求每一位成员都能够竭尽所能地付出全力，这样不仅能够让他们的团队协作观念得以形成，还能够让他们在团队当中汲取营养，树立自信并获得强大的力量。

（7）高峰体验：在克服实际困难并达成课程要求之后，广大成员可以从中获得愉悦感以及自豪感，也能够油然而生出自信，得到人生高峰体验这一在其他活动当中难得的感受。

（8）自我教育：在户外拓展训练的组织实施当中特别注重尊重各个成员的主体性，关注他们主观能动性的发挥，哪怕是在课程结束之后的归纳总结阶段也是运用点到为止的方法给队员表现和表达的机会，让他们进行具有针对性的自我教育以及自我管理，学会反思和自我成长。

（9）人性化：重视参与者在训练活动当中的心灵感受与感悟，为他们提供个性化发展和强化个性的机会。

第三节　户外拓展训练开展的作用

一、符合现代社会培养高素质人才的要求

在如今的社会背景之下，大部分的高校学生都是独生子女，从小受到家庭的娇生惯养，大部分的学生都有信心缺乏和面对困难与挑战时勇气不足、缺少团体意识等方面的问题，再加上如今学生面临着非常激烈的社会竞争，承担着极大的心理和生理压力。在这样的背景之下，越来越多的高校学生患上心理障碍方面的疾病或出现不同程度的心理问题，严重影响他们的健康成长与发展。将户外拓展训练应用于高校教育教学改革体育教学项目则能够给学生提供面对挑战以及解决问题的机会，使他们在这样的背景之下提高意志力、陶冶情操、健全人格和熔炼团队精神，这样他们才能够将自身在训练当中得到的优良品质应用于自身的生活、工作以及学习中，成为一个真正合格的优秀人才。

二、有利于改变传统教育观念和方式

我国传统教育中一个致命的弱点就是在教学过程中没有有意识地将教学内容延伸到精神的层面，不太注重学生心理、社会适应能力等素质的全面协调发展，而只重视对学生进行知识的传授，并将此当作教学的最终目的。虽然目前我国高校已对此进行了一定程度的改革和创新，特别是随着素质教育新理念的提出，选项体育课、俱乐部制体育课、保健体育课等类型的高校体育课程内容相继应运而生，取得了明显效果，但对学生各种能力的提高方面作用有限。户外拓展训练将课堂教学与课外活动有机结合起来，使学校与社会、与大自然紧密联系，不仅突破了长期以来形成的一种封闭式格局，而且丰富和完善了我国高校课程体系，符合现代课程改革的发展趋势。

三、对学生健康教育起着积极的促进作用

现代社会的一个非常显著特征就是竞争激烈，而且人们所承担的竞争压力极大，要适应这样的社会环境，就需要人们拥有极高的心理素质水平。假如人的心理素质较差，或者是存在不同程度的心理障碍问题，不仅仅无法适应充满挑战和压力的工作，还会因为个人知识能力的限制尤其是心理方面的原因，不能够展示才华和收获成功。所以关注对学生进行心理健康教育其重要价值在于提升他们的心理素质水平，培育坚强坚韧的意志力，让学生更好地适应社会和充满压力的生活。心理素质是现代人才必备的素质能力，只有提高人的心理素质水平才能够促进人才综合素养的提升。户外拓展训练就如同一个安全的、充满真诚同时又带有一定挑战性特征的心理实验场地，在培育和完善人的心理素质方面有着积极作用。在实际训练的过程当中，在特定环境与氛围之下，学生需要克服恐惧、鼓舞士气，进行自我管理和自我调控，维持稳定平和的心态，敢于挑战和战胜懦弱的自己，形成果敢坚韧的良好品质。例如断桥这一具有代表性的户外拓展训练项目，该项目存在的重要目的在于增强学生的心理素质，提高抗干扰能力。假如学生拥有平常心，能够排除高空这样的干扰因素，是能够轻松完成项目并且克服自己的高空恐惧的。所以，户外拓展训练可以形成对传统教育的补充与拓展，促进人心理素质水平的提升。

四、有助于培养学生的创造性思维和实践动手能力

现如今创新是各项事业发展的灵魂所在，也是现代人才适应知识经济时代必不可少的能力，而且创造力也已经成了评估科技人才的核心标准。在全面提倡贯

彻素质教育的背景下，对学生进行创新素养的发展，提高学生的创造力水平成了践行素质教育的重要因素。充分开发和挖掘学生的想象力潜能，促进学生的创新精神和创造力的发展，也是户外拓展训练能够达成的一个重要目标。如扎伐这样的户外拓展训练项目，实际上就是专门针对学生创造力思维发展而设置的训练项目。在实际活动当中没有教练教授应该如何完成任务，同时也没有在日常学习和课本当中学习过相关的知识，要达成任务必须依靠自己，要发挥想象力，发掘自身的实践力以及创造力。在这样的环境之下，参与者会发现原来自己的思维是有很强创造性的，也会看到自己过去没有发现过的想象力以及较强的动手能力。所以说正是因为户外拓展训练的存在，让人们拥有了一个可以开发创造性思维的平台，拥有了一个能够锻炼实践操作能力的场所。

五、有利于培养学生团队协作互助

学生在参与户外拓展训练的过程当中往往能够充分感知团队合作的乐趣以及感受团队的价值。同伴之间彼此关心和信赖，在完善学生品格培养方面有着突出价值。绝大多数学生在完成拓展训练的相关任务之后，分享经验时更多的是说过去根本没有像今天这样对团结力量大有如此深刻的感悟，也正是在完成拓展训练项目的过程当中，认识到了真正意义上的团结与团队精神，甚至是面对看似不可能完成的任务时，也在大家的协作和彼此帮扶之下，克服困难和达成目标。户外拓展训练可以让团队当中的各个成员以共同目标为指引共同体验成功以及失败，共同享受其中获得的愉悦感和感受其中的酸甜苦辣。这样的独特氛围让学生有意愿敞开心扉，加强彼此的信任和理解，真正意识到帮助他人实际上就是帮助自己。

六、有助于增强大学生的社会适应能力

目前学生面对的各个方面的压力众多，而长时间身处在强压之下，会让学生出现诸多不适应的情况，比方说在学习方面压抑疑惑，在生活方面缺乏自理能力，在人际关系方面处理得一团糟，在面对困难与挫折时胆小退缩，身处在高压社会之下无所适从。所以在如今全面推动教育改革创新，全力落实素质教育的背景下，努力提高高校学生的社会适应力是至关重要的。户外拓展训练为学校和社会架起了桥梁以及纽带，让学生可以在户外拓展训练的支持之下适应社会，完善综合素质，为今后走上社会和真正成为社会当中的一分子，提供有力支持。

第四节　户外拓展训练是体验学习方式

一、户外拓展训练推崇的理念

户外拓展训练依据 Outward Bound 倡导的学习观念，利用体验性学习模式，在学校教育实践当中广受肯定。大卫·克尔博是体验式学习理论的提出者，他在定义"体验式学习"时指出：人们在过去的知识技能以及体验的根基之上，运用个人经历或对事物的观察，在有意或无意之中内化得到的洞察。

在多种多样的学习实践当中都有所体验，不过其价值通常没有被肯定。但是毋庸置疑的是体验式学习，将个人的身体和心理要素进行了整体包含，所以能够让学习者产生更加深刻的印象。只有当学生从亲身体验以及实践当中收获知识与技能才能够牢记所学，并获得理想的效果，提高学习质量。

大卫·科尔博在 1984 年时提出了体验式学习模式，而该模式得到了人们的普遍接纳，特别指出所有的学习都是把体验和注意作为根本起点的，在这之后开展反思共享解释等一系列的活动，并以此为根基进行深度处理转化，总结整合将其变成对个人成长发展有价值的信息资料，最后经由实践应用验证其可行性价值，并借助经验引入到另外的学习循环当中。在大卫·科尔博提出的学习周期的概念和认识基础之上，哈尼以及莫姆福特又结合人们在不同周期当中的偏好情况，提出了四种差异化的学习风格，这四种风格分别是积极型、反思型、理论型以及务实型。

二、户外拓展训练体验式学习

过去的教育教学思想以及模式都比较陈旧，把教师放在中心地位，要求学生被动聆听教师的讲授，并做好笔记和相关模仿工作。但是体验式学习则与之不同，其要求充分发挥学生的主体作用，确立学生的主体地位，唤起学生的学习热情，以便在特有情境当中调动学生的内在潜能，让他们积极迎接挑战和克服困难。体验式学习把关注点放在了提高学生的参与热情方面，因为如果没有这样的参与就无法获得良好的精力，也无法获得相应的体验，更不能够完成整个学习过程，获得学习能力。

在整个体验式的学习活动当中，学生不再是被动接受知识技能，而且整个接受过程不再是单向性的，不再是单一的娱乐活动，因为学生可以在多元化的活动当中获得感悟以及反思，将做和学结合起来，践行寓教于乐。户外拓展训练课通过课程设计，把刺激、迷惑以及期待性的活动安排在各节课程当中，运用寓教于乐的方式可以激发学生的学习兴趣，促使学生在真实体验当中收获愉悦感。而课程教师也能够通过唤起学生的学习动力和挖掘学生的内在潜能，让学生从被动学习的状态当中解放出来，成为一个主动学习的主体，成为课堂上的主人。

体验式学习为知识和实践架起了桥梁，也提供了一条促进二者关联的纽带。如何让学生学以致用，是传统教育实践当中需要积极解决但是又悬而未决的难题，所以学生在接受传统教育之后，不少高校学生步入社会之后，还需重新接受长时间的培训与实践，才能够真正适应社会，并且担当相应的岗位职责。其中一个十分重要的原因就是学生在实际学习当中极少有机会能够运用自身学习到的理论知识解决实际问题。体验式学习强调的是建立一个互动性的学习过程，实现知识技能学习以及实践的整合，使得学生能够借助自身的经验，掌握概念和实践活动之间存在的关联，实现经验和知识技能的迁移，促使学生在各个领域获得进步和提高，并在认知能力以及人际关系方面获得极大程度的提升。

从表面上看，户外拓展训练和不少体育实践活动有着很强的相似性，存在着不少游戏性的成分，但由于户外拓展训练是用体验式学习模式来推进实施的，其境界和层次远远高于简单的游戏，更关注活动实践之后的反思与总结。假如在落实体验性学习知识，直接从体验跨越到应用实践，没有设置反思与归纳总结这两个重要环节，则将无法提高学生的实践应用能力，也无法让学生将自己的经验和体验进行有效迁移与应用，也会直接影响到学生的学习和成长效果。我们必须深刻地认识到反思与归纳总结就像是沉在海下的冰山的底座一般有着极大的空间以及能量。彼得·圣吉是学习型组织的创始者，他提出反思和归纳总结进行整合之时是学习真正获得成效之时。户外拓展训练不仅仅关注的是实践以及体验，更为关注的是体验之后的反思与总结，只有这样才能够让反思式学习变得更为完整。如果要用比例分配的方法，说明体验实践和反思总结的重要性的话，前者应该占到整个课时的65%，后者占到整个课时的35%。过去的体育教育和体育项目的设置方案，可以对这一模式进行学习与借鉴，对过去的流程进行一定的调整，极有可能会有意想不到的收获。

第五节　户外拓展训练的模块和过程

一、户外拓展训练的七大模块

户外拓展训练通过开展多种游戏项目进而完成任务来达到目标，为了使教学环节系统地进行，有必要把这些游戏项目分成几个主题模块。具体包括七大主题模块，分别为破冰模块、信任模块、沟通模块、挑战模块、合作模块、挫折模块、创新模块。

1. 破冰模块

这一模块涉及的项目种类繁多，内容丰富，其存在的重要价值是让学生迅速和顺利进入角色，让学生相互之间的陌生感和彼此存在的隔膜彻底打破，调动学生的学习热情，让学生跨越心理极限，激发学生的参与热情和主动性，为良好团队协作环境的形成奠定坚实基础。

2. 信任模块

信任模块在户外拓展训练当中占据举足轻重的地位，在这一模块当中涉及的全部项目针对的都是不信任的情况，把关注点放在了发现信任源以及建立信任感的细节方面，最终促进学生彼此信赖观念的形成，也让学生形成勇于负责的良好态度。

3. 沟通模块

有效沟通是工作、生活中最重要的环节，也是积极心态的最佳表现。这一模块涉及的各个项目是给学生提供沟通障碍项目和相关任务促使学生在不正常的沟通情境之下，积极探寻有效沟通的方案和解决沟通问题的方法，搭建沟通桥梁，感知有效沟通的突出价值。在相关的活动训练中学生要充分学习换位思考的交流方式，以培养学生优秀的沟通意识。

4. 挑战模块

每个人身上都潜藏着为人所不知的能力，只有通过积极的挑战才能够将这样的能力和潜能激发出来。所以这个模块项目设计的关注点是要培育学生强大的自信和乐观向上、坚强不屈的品质，目的在于挖掘学生的内在潜力，让学生在压力与巨大的挑战之下保持镇定，勇于开拓进取，从而克服困难，收获成功。

5. 合作模块

合作训练在户外拓展训练体系当中居于核心地位，要想把整个团队的力量结合起来就要在合作当中达成目标，所以要设置专门的合作训练内容，并把训练的关注点放在让学生明确自身在团队中的定位与角色方面，让他们认识合作在团队力量当中发挥的积极作用，感知自身力量发挥的价值。

6. 挫折模块

抗挫折能力是每一个现代人适应社会和在激烈竞争当中求得生存与发展的基本素质。大学阶段是学生从幼稚走向成熟的转折期，也是身心发展的特殊阶段，具有很强的不稳定性。在实际的学习和生活当中，学生遇到挫折的情况时有发生。通过实施挫折教育，能够为学生完善人生提供相当的能力基础。本模块通过"Mission Impossible"项目，旨在让学生更好地感知挫折，了解挫折是非常正常的心理现象，其带有客观性以及两重性的特征，从而引导学生在面对挫折时保持积极乐观的心态和状态，将挫折当作是个人成长发展道路上的一次历练与考验，用挫折来丰富自身的人生，磨炼意志，这样更有助于接受与克服挫折，摆脱困境，走向成功的彼岸。

7. 创新模块

创新是发展的动力，也是科学精神的精髓所在，要想实现创新，必须坚持从实际出发，对事物的规律以及本质进行有效把握，彻底冲破思想的束缚，消除思维定势，摆脱传统偏见。创新思维是和传统思想相对应的一个概念，指的是不存在现有思维方面的约束和控制，积极探寻应对问题的全新独到解决方法方面，从而促进思维灵活度和创新性的提升。新思维的过程是对大脑进行开发的过程，也是进行思维发散的过程。设置创新模块的关注点是培育学生的创新精神以及创新意识，促进学生创新能力的发展。

二、户外拓展训练（学习环节）五大过程

根据户外拓展训练存在的七大模块和七大任务，归纳出具体的实施方法和过程，可以将整个训练划分成五个大的部分，其核心在于改变行为。而这几个部分又可以形成内环以及外环，前四部分的循环是外环，也就是在训练结束之后，教

师均会归纳经验，以便为接下来的训练提供根据，并进行循环往复，持续提升。内环指的是改变行为，这样的部分也是整个训练的核心内容，组织户外拓展训练的重要目的在于利用这样的体验性学习转变学生的行为，突破学生的思维束缚，让学生感知团队合作的价值。

1. 前期准备

不管是哪种活动或者课程，都要有前期准备环节作为重要基础，而团队户外拓展训练因为偏向于户外体验，更是要有充足的前期准备，以便消除实际工作当中的问题和隐患，保证活动目标的达成。

1）前期动员

高效组织团队户外拓展训练活动面向的是高校学生，而学生在获知要学习此门课程知识时，因为过去没有接触过与之相关的课程，首先会产生诸多疑问与好奇，想要了解这门课程究竟涉及的是怎样的内容。因此，户外拓展训练就是先要让学生对这一新课程有大致的认知，而让学生认识课程的这个过程就是前期动员活动要达成的目的。动员内容需要涵盖对这门课程进行的简要说明，指出推出这门课程的目标和价值，给出具体的时间、地点与要求，同时不能忽视安全教育和相关考核办法的提示。

2）学情分析

学情分析是要充分了解学生的基本情况，特别是对学生数量、所学专业、男女比例、身体状况等因素展开调查分析，以便结合学生人数与专业情况，科学分组。在实际分组当中要严格遵循以下准则：每组学生的数量需要设定在 20~25 人；打乱班级与专业的顺序，对学生进行随意分组，避免学生跟熟知的同学组成一个小组；尽可能地确保各个小组当中的男女生人数比重是相当的。假如有学生由于身体情况无法参与难度较大的户外拓展训练项目，必须提前告知和报备，避免盲目参加活动而出现不良后果。

3）课程设置

现如今高校学生大多数是 80 后与 90 后，而这一群体生长环境比较优越，大部分是独生子女。学生的思想非常活跃与开放，也崇尚个性的发挥与发展，不过常常表现为缺乏团队意识。所以，面对学生这样的特点，在课程设计方面需要把团队合作类的项目内容作为主体部分，从开始阶段的组队破冰一直到最后阶段的归纳分享都要以团队合作的方式推进实施，通过将团队协作贯穿全程，让学生对团队有更加深刻的感知。

4）场景布置

针对户外拓展训练的相关项目，由于要应用到一些道具和器材，所以在开始活动前要准备好各种各样的器材以及道具，同时要注意布置好活动场景，确保整个项目井然有序地开展。其中最为根本的是要拥有户外拓展训练的基地，该基地要尽可能地选在环境幽雅且空间较大的地点，另外还要保障学生的住宿与饮食安全，让学生在良好的条件下开展实际的学习活动。

2. 挑战体验

在做好前期阶段的一系列准备工作之后，接下来就步入到了真枪实弹的挑战体验环节，而挑战体验是在实训基地当中开展的。结合课程项目设置的具体特征需要划分阶段，以让学生分阶段和有顺序地完成各项挑战工作。

1）基础项目

基础类型的项目主要是推进破冰模块的落实，其重要目的在于让学生群体冲破隔阂，彼此熟悉，然后快速地融入到整个团队之中。在分组之后各个小组团队的组建均需要由整个团队共同完成，包括起队名、选队长、想口号等，而小组之间彼此熟悉有助于团队的快速建立，也能够让队员产生较强的归属感，激起他们的团队协作意识。小组队长承担着重大的责任，需要发挥领导、激励、调节团队情绪状态和打造团队合作氛围等作用。在建立好整个团队之后，还要保证队内的各个成员更深层次地熟悉与了解。为了达到这样的目的，设置专门的破冰游戏，比如缩小包围圈等游戏活动，让学生在愉悦轻松的氛围之下消除彼此的陌生感，用积极乐观的态度融入挑战项目，主动地和团队其他成员协作。

2）提高项目

提高项目涵盖信任、沟通、挑战模块的实施。意在让学生拥有团队合作意识，主动提高团队合作意愿。信任模块主要是对学生抵抗挫折的能力以及作战技能技巧进行训练和发展。在一次又一次接近成功但又由于某些原因的存在只能重新开始之时，学生怎样进行心理状态的调整，是开展这一项目的重要价值。沟通模块是要考查学生对同伴的信赖度，在毫无顾虑的背对队友倒下去又被接住的瞬间相信每一位学生都会激动万分，并且感触颇多。不过这些项目的开展有一个共同的基础与前提条件，那就是拥有团队合作精神作为根本支撑。

3）升华项目

升华项目包括合力跳绳、合力颠球等比赛，还有求生墙等类似难度相对较大的项目内容，即合作模块、激励模块的实施。设置这些项目的主要目的在于更进一步发展学生的团队协作能力，让他们能够明确自身在整个团队当中所处的位置，主动与其他队员进行合作与互动，共同完成任务和达成目标，认识到团队荣誉的价值和团队精神的重要性。所设置的项目非常明确地考验了学生的团队合作能力，要求各个成员同时发力、齐心协力，任何人的成绩与表现均会影响整个团体。因为活动是用竞赛的方法推进落实的，所以更加凸显了个人对于团队荣誉的影响。求生墙这样的项目要求所有学生共同参与，不对他们进行分组。学生站在3米高墙之下，从开始阶段的畏惧和感叹，这是一项不可能完成的任务，到最后能够迅速成功完成任务，站立在3米高的高墙之上，这样在心理方面的变化也会让学生意识到世界上不存在不可能完成的事，只要坚持，只要拥有坚强的意志，都是能够克服的。

3. 分享总结

在各个项目训练完成之后都要设置分享总结环节，激励学生分享体验与感受，归纳彼此在实际活动中的问题和成败的原因，以便在接下来的项目当中迅速有效地完成。在全部项目均完成后也要进行全面总结，并且这次大的总结要在教师指导之下推进实施。

1）分享体验

各个团队在完成训练任务后，不管是顺顺利利地完成了这个项目，还是在历经失败后才完成项目，每一个人面对这样的活动均会有差异化的感受与体验，这也是要进行彼此分享的重要意义所在。学生可以将在项目当中自己的位置与参与项目过程当中的心路历程表达出来，而队员之间也可以彼此指出各自存在的问题，并提出解决策略。

2）总结经验

归纳及总结经验是在体验分享完成之后进行的，也是对体验的进一步提升。体验只是表面感知与体会，经验是在思想方面进行内化吸收后获得的结论。具体落实当中可以把体验分享和经验的归纳及总结交叉起来推进实施，在彼此交流感受的过程当中，可以分析活动成败的原因，归纳注意的内容，以便对后续项目的实施提供指导与借鉴。

3）教师引导

教师引导指的是教师就学生在训练活动当中产生的问题以及收获的认知感受实施指导，利用符合训练理论的思想观念完成总结工作，让理论更为严谨，并进行系统化的理论构建。这部分是在全部的户外拓展项目均完成之后开展的，学生在前面的分享归纳当中有可能会出现偏差，此时教师需要耐心引导学生帮助学生查漏补缺，收获成长。

4. 提升心智

就像上文所提到的，团队户外拓展训练是体验式学习的一种方式，要求学生将实践和学习进行整合，因而能够对学生的多元能力与心智进行磨炼，使得学生在一轮又一轮的训练当中挖掘各个方面的潜力，完善心理素质，增强团队合作精神以及合作能力。

1）潜能挖掘

事实上任何人都包含着无限潜能，只不过这些潜能常常是为人所不知的。在户外拓展训练课程的实施当中，在有一定难度的项目摆在学生眼前之时，他们作出的第一反应通常都是认为项目太难了，是不可能完成的。伴随项目任务的推进实施，在一定要完成项目任务的强压之下，学生的潜力就会被挖掘出来，最后也会顺利地完成原本不可能完成的任务，甚至学生在完成任务之后会有不可思议的感受。

2）心理素质提升

户外拓展训练能够增强学生面对困难与挫折时的自信，特别是在高空类项目或团队挑战难度大的项目之后，学生往往会产生非常陌生新鲜同时和实际生活完全不一样的体验和经历。在面对很多未知的活动与经历之时，学生会出现较强的心理压力，也会生出一种危机感，这样的心理体验是非常独特的，也会推动学生自我意识的形成，为学生的个人成长和发展提供必要支持。

3）团队合作意识

高校推出的户外拓展训练课程与体育课程的融合其重要价值在于提高学生的团队协作能力和合作意识，户外拓展项目也大多是以团队形式推进实施的，这样做的目的是让学生在实践活动当中感知团队力量的强大，通过发挥团队作用能够获得无限可能，让学生在今后的学习和生活当中，主动寻找团队协作的机会，通过与他人合作的方式来完成任务和达成学习成长的目标。

5. 改变行为

户外拓展训练改变学生的态度，进而改变他们的行为，将团队户外拓展训练中的所感所悟在以后的生活工作中得以应用，达到学习的最初目的。利用训练不单单能够收获多种多样的生存技巧，优化日后行为更为关键的是锻炼心态，一种能够在面对危机之时维持镇定和不抛弃不放弃的心态，这样的心态能够让学生在步入社会之后，快速适应社会生活。这是因为学生在学习、生活以及工作当中遇到的很多困难，并不亚于这些危机，同样要求学生调整心态，约束自身的行为，通过积极努力的方式渡过难关。这对于在面对困难和挫折之时，容易生出放弃或运用极端方法解决问题的人来说是有很大帮助的。

第二章　户外拓展训练的实践与理论

　　户外拓展训练之所以能够快速发展起来，并且成为高校教育教学当中一个至关重要的组成部分，除了其本身是一种重要的户外运动拥有直观性和可行性之外，还因为户外拓展训练和很多学科有着密不可分的关联。比方说户外拓展训练就和心理、生理、教育、管理、社会、成功、领导等学科有着非常紧密的关联。同时由于很多学科的成熟知识体系在户外拓展训练当中进行有效的应用，让训练更为充实，也为训练的发展和创新提供了重要支持。同样很多学科也把训练作为重要载体，让理论变得更加直观生动和通俗易懂，让越来越多的学习者有机会在蕴含丰富理论的项目当中，获得良好的感悟与体验，在活动结束之后仍然能够巩固和完善终生难忘的知识与技能。

　　户外拓展训练能够把大量学科和诸多领域的知识理念融入到训练项目当中。比方说在做盲人方阵的时候，队长渴望吸纳过去武断做决定而获得失败的教训，防止过去项目当中出现的受挫折的问题，想做一回民主和富有亲和力的领导，促使全体成员共同参与和施展才华，但是最终的结果常常是争论不休，无法得到决策，也不能够顺利高效地完成相关任务。所以在和领导学的有关知识理念进行结合应用时，需要认真分析"领导—追随者—情景"这几个方面互动的情况考虑到相应的情景，不能够照抄照搬过去的经验，而是应该具体问题具体分析。下面将几个有关学科对户外拓展训练的帮助与支持进行简要的说明。

第一节　户外拓展训练的理论基础

一、心理学是户外拓展训练对个体发展影响研究的基础

　　户外拓展训练项目是学生学习知识和促进自我健全发展的载体，我们参与怎

样的项目，要达成怎样的目标，参与过程当中可能会发生差异化的偏差与认知，在课程设计的初期阶段都要认真考虑，只有综合分析了各个方面的要素，才有可能保证拓展训练项目的实施效果。所以我们特别关注参与者在参与户外拓展训练过程当中获得的心理感受，也重视他们在活动当中表现出来的真实心理反应。这实际上是在项目活动当中把某些可能的心理学问题提前进行设计和考量，在参与实践活动的过程当中也自然会有所表现，只是每个人的感知层次不同。

1. 认知发展理论

站在认知心理学层面考虑，外界会对人的心理情况产生重要的影响。在户外拓展训练活动当中，其中的活动计划以及各项规则均是事先设定完成的，活动当中主要是为了解决其中各种各样的问题，因为在解决问题的过程当中会收获不同的认知，可以在体验之后与大家分享，并进行一定的换位思考，获得更加深刻的学习体验。

在皮亚杰看来，活动个体经历着一个不断同化适应环境，并将外部活动转化成为内在心理的过程，而这个过程就是从认知发展的角度出发去看待问题。

在参与训练活动时，人们面对实际生活当中的事情和各种问题，会给出多元化的观点和看法，这实际上也是训练活动的优点，只有这样才能够有效应对诸多实用性问题，找到解决生活问题的最佳策略，贴合自身的生活需要。

2. 实用主义学说

著名的心理学家拉扎鲁斯曾经提到在现如今的心理应用领域当中，固守某一学派或者某个研究领域的专家数量会逐步减少。现如今人们已经逐步认可，只要是能用，不管是怎样的方法或者理论均可以拿来应用。他把这一类人称作是实用主义者。通过对户外拓展训练进行整体分析，这项训练活动也在一定程度上借鉴了这样的实用主义观点，成功吸收了很多能够应用的部分，而且在实践当中进行了有效发展，并不是因循守旧地一味关注对传统的继承。

3. 行为主义理论

所谓行为主义就是认为学习是学生进行行为改变的过程，这样的行为改变是学生在实践当中逐步归纳经验和总结教训。就像是在我们的实际生活当中不少知识技能的获取，并不是先从书本当中获得的，是从生活当中的体验总结当中获得的，这样的经历和经验能够促成人们行为以及思想的变化。户外拓展训练虽然是通过模拟情境的方式让学生获得感受，不过在这样的情境之下，足以让学生获得具有很强刺激性的体验，让他们在提高个人理论素养的同时改变行为。

二、教育学是户外拓展训练教育价值体现的依据

在一些具体问题方面，户外拓展训练作为一种突破传统思维的全新学习和教育模式备受关注和认可，不过户外拓展训练本身仍旧符合一些传统教育规律要求。受到教育学不够博大原因的影响，针对户外拓展训练和教育学之间的关联，下面仅对以下几个问题进行简要论述。

教育学给出的观点是个体主观能动性，是推动个体身心综合发展的动力所在，就个体发展可能变成现实这一价值而言，个体活动是助推个体发展的决定性因素。人的能动性是客观环境持续变化出现的全新要求，而新的要求被人们接纳就会形成人们的需求。需求包括物质以及精神这两个方面，这也与马斯洛提出的需求层次理论相符。户外拓展训练的场地和环境是把生活当中很多有可能遇到和发生的问题，在时空方面进行有效把控，为队员提供新奇且认为有能力完成同时又要付出努力和艰辛的一个过程。这样的努力要有合理个体和团队行动的组合来完成，这就会唤起队员在心理方面的诉求，使得队员出现一定的心理矛盾，为学生的心理发展与进步提供支持。这样的状态能够有效激发队员的能动性，让他们朝着积极方向发展进步。

某高校在 2011 年 3 月至 7 月开展的户外拓展训练课程中发现，队员对这样全新形式的课程学习具有浓厚的兴趣，就拿出勤率来说，相关统计调查显示户外拓展培训根据学院时间的安排，每天培训人数在 100 人左右，队员基本上没有旷课现象，绝大多数的队员都能够积极参与其中。其中非常可贵的是，因为分享时间非常有限，很多队员在课下仍然延续这样的分享和讨论，并将结果和心得体会通过网络的形式向教师汇报。这一学期的户外拓展训练课程，教师得到的队员心得体会有十几万字，还有一部分是用论文的形式呈现出来的，做到了旁征博引，有很多令人印象深刻同时又非常精彩的内容。

户外拓展训练可以让学生收获大量的户外体验，也能够调动学生的主动性和积极性。户外拓展训练当中的很多项目是在师生的共同互动沟通当中完成的。因为情境设置的关系，这样的互动涵盖学生和情境的互动，队员之间的互动，以及队员与教师的互动。

在户外拓展训练活动当中，可以利用学生在活动当中的表现，利用彼此观察与自我观照的方式，了解队员的言行举止，并进行一定的反思，及时发现自身存在的不足，了解需要继续保持和发扬的优点和要改正的缺点。"行动—观察—反思"这样的学习模式既能够让自身得到螺旋式提升又能够增强和保持学习动力，实现自我综合发展。

三、管理学是户外拓展训练内涵的重要体现

管理是组织当中的管理者利用组织、领导、控制、调配等诸多功能的发挥，对活动进行协调，促使他人和自己共同完成目标的一个互动实践过程。管理学同样也是和户外拓展训练存在密切关联的一门学科，也是训练内涵的重要体现。伦理学是一门系统性研究管理活动规律与方法的学科。管理学是在适应社会大生产条件之下获得的学科产物，其产生和存在的重要目的在于研究如今条件之下怎样利用恰当的组织分配方法提升生产力水平。管理学学科有着很强的综合性，也是一门重要的交叉学科。从群体的产生伊始就有了管理活动，相应的也就拥有了管理思想。实际上，在东西方都能够找到古代先哲针对管理思想的论述。从现代管理学产生时开始，管理学就获得了快速的发展，管理学研究和学习的人员数量也逐步增多，相关的优秀著作呈指数上升，体现了管理学作为年轻学科迅速发展的良好现象。在步入新世纪之后，伴随人类文明的发展和进步，管理学仍旧需要大力发展相关的内容和形式。

体验式培训过程中贯穿着管理学的知识，队员是将团队作为重要单位完成高难度任务，有团队就会有管理，有了管理就会有相应的管理者以及领导。培训中，我们经常讲到领导和管理的差异，在户外拓展回顾的环节中，不可将二者混淆。

在体验式培训课程体系当中会设置有很多比如关于管理层级、管理者角色等方面的问题。比方说"孤岛求生"这样的训练课程，就把珍珠岛角色和任务定义成高层领导。不同层级队员在完成项目和任务的过程当中，所把握的重点也各不相同，各自担当的职责有着很大的差异。其中高层领导负责从整体出发，把控全局并制定出长期的决策和战略。中层管理者则负责落实决策，促进各项措施的贯彻执行，另外还要发挥桥梁和纽带作用，实现上传下达。一线员工需要调动工作热情和积极性，完成分配给自己的相关具体工作。同样的，在该项目当中，层级管理也让我们认识到线下管理与领导的重要价值，掌握同级间沟通互动的必要性。掌握了与管理学相关的内容，能够让我们在今后的学习以及工作当中事半功倍，也能够让学生在参与户外拓展训练活动的过程当中事半功倍。

四、组织行为学

组织行为学是用来研究组织和组织与环境作用当中，人们从事工作的心理与行为规律的一门学科。确切地说，组织行为学是对人类在组织中的行为、态度、绩效的研究。就其实质而言，组织行为学是一门多学科的综合性学科，其中包括心理学及其各个分支、社会心理学、人类学、社会学等多种学科。参加体验式培

训的队员是置身于团队组织之中，面临一项项任务，团队组织接受各种不同的项目挑战。什么是团队？团队是一个共同体，这个共同体，是由员工和管理层共同构成的，而且共同体的运转需要利用好各个成员的知识技能，发挥团队协同作用，有效解决团队运转当中存在的问题，保证共同目标的达成。团队的 5P 要素，即目标（Purpose）、人员（People）、定位（Place）、权限（Power）、计划（Plane）。

团队具有很强的影响力，可以影响团队和个人，会有好的影响但也同样会有坏的影响，如何有效管理团队，是体验式培训活动中要解决的重要问题。

（1）团队所带来的积极影响可以提升组织的运行效率、团队成员互补的技能和经验可以应对多方面的挑战，增强组织的民主气氛，促使队员参与决策的过程，使决策更科学、更准确，在多变的环境中，团队比传统的组织更灵活、反应更迅速。

（2）团队对个人的影响：团队的社会助长作用（有团队的其他成员在场，个体的工作动机会被激发得更强，效率比单独工作的时间更高）、团队的社会标准化倾向（人们在单独情境下个体差异很大，而在团队当中成员利用彼此作用与彼此影响的方式会逐步产生近乎一致的行为与态度，面对事物时拥有大致相同的看法，在处理工作时形成一定的标准，这就是我们所说的社会标准，并且在工作生活当中共同遵照这样的标准，整个过程就是社会标准化倾向）、团队压力（在整个团队当中，个体和大部分人持有的观点和看法不同时，团队会组织个体，让个体产生一种压迫、压抑感，团队压力是行为个体的一种心理感受）、从众压力（团队成员因为受到某些压力的影响在不知不觉之中和绝大多数的成员保持一致的判断和行为）。

（3）团队对个体的益处有：工作压力变小，责任共同承担，团队成员的自我价值感增强，回报和赏识共享，团队成员能够相互影响，所有成员都体验到成就感。

（4）团队包括团队形成期、动荡期、高产期、消退期四个过程，体验式培训应遵循这样的规律进行设计和组织。

在体验式培训课程当中，除了常会涉及群体团队组织文化等经典理论与概念之外，还常常涉及沟通问题。沟通是组织行为学当中一个至关重要的构成部分，尤其是在群体和团队发展的动荡阶段，培训者通常会提醒广大队员哪怕是一个极小的抱怨，也会让我们在建设团队和群体的过程当中前功尽弃，所以一定要做好积极的沟通工作，及时发现和解决团队运转当中存在的实际问题。

五、领导学的运用

领导学是一门研究领导活动各个因素之间的相互联系、相互作用的客观规律的综合性科学。领导学的研究对象，是作为整体的领导系统以及这个系统本身运动的一般规律。它需要从领导系统的整体角度出发，探究领导的出现与发展、领导观念和领导要遵循的一般准则；要研究一般领导模式、过程、规律；研究作为领导系统诸多因素的领导、被领导、作用对象和客观环境之间的关系，以及组织机构的合理设置和领导者个人的素质和修养等；它还要研究影响领导效用的各个因素，诸如决策、用人、激励下级、信息沟通、领导方法和领导艺术等对领导系统的整体特征、领导系统本身的功能与影响领导效能的不同因素在这几个角度的研究工作当中，通过整合研究共同构成了领导学理论的一个完整体系。这个对象的客观性和研究这个对象的必要性，是领导学产生和得以发展的依据，它决定了领导学研究的专门领域。

拿破仑说过"不想当将军的士兵不是好士兵"。这句话解释了什么是领导力。针对于领导力的培训是体验式培训课程体系当中至关重要的构成要素，在培训当中有专门针对领导力的课程内容，在我国几乎每个培训机构都把领导力的培训作为项目当中最为重要的部分，但是绝不是专门提高领导力的培训。

领导是一门艺术，同时又是一门科学领导，既带有一定的理性特征又有感性特点。在实际培训当中，因为领导行为在未知结果之前，他们自由地将其进行充分发挥。体验式培训能够提高领导力是不容置疑的，但不是只有领导才需要领导力，它是为了提高所有参训队员的领导力的，他们要获得与领导学密切相关的理论知识和实践技能，知道怎样向上领导，这是因为领导学是领导者和追随者在差异化情境之下互动完成任务才能够让领导力的效果明显表现出来，才会获得理想的效果。

除了上面提到的很多学科和户外拓展训练有着密切关联之外，社会学、成功学等学科也在理论建设方面为其提供了支持。所以在体验式培训的学习环节，只有将活动的体验感悟和理论体系进行密切整合，才能够获得良好的学习体验，收获丰富的知识与技能，但是需要注意的是在实际学习当中必须讲求灵活，避免机械性模仿和照抄照搬，不然会让结果和初衷大相径庭。

第二节　户外拓展训练的理论体系

户外拓展训练活动能够顺利展开，既需要科学地训练实践技术，更需要一定的理论作为必要支持。换句话说，理论知识能够从理论方面对户外拓展训练的发展和提升提供指导，同时也是户外拓展训练活动过程中的一种参与成分。当前，学科呈交叉发展的趋势以及户外拓展训练的发展，让户外拓展训练和很多学科的联系更为密切。不管是相关课程的设计、训练活动的落实，还是效果评估等事项，都会应用到与之相关的学科理论内容。将这些相关学科成熟的知识体系和知识内容应用于户外拓展训练中，可以丰富户外拓展训练内容，促进训练方法的创新改进，拓展训练空间，提升训练的魅力与影响力，保证实际活动的开展质量。反之，户外拓展训练也为其他相关学科教育提供了一种新的学习方式载体。通过户外拓展训练，使得其他学科的理论变得更加丰富、直观、易懂、有趣，通过户外拓展训练也使得学习者有身临其境的亲身体验，更容易产生共鸣和感悟，感悟的深度也极易增强，会给学习者留下深刻的情境印象，对于巩固相关学科的理论知识具有非常鲜明的作用。

与户外拓展训练有关的各个相关学科理论及其内容是一个庞大的理论集合体，对这些理论的分析需要相关专业理论学者予以帮助。在该方面户外拓展训练项目教育者自身不可能做得那么精细，也无必要。为此，本节在阐述户外拓展训练相关理论体系思想的基础上，主要就几个相关学科对户外拓展训练的帮助做些简单的介绍。

户外拓展训练的相关理论体系的形成起源于西方，主要与体验式学习和情景学习的理论思想紧密相关。

一、体验式学习的理论思想

体验式学习的理论思想既有思想的内容也有实践的检验。美国实用主义教育学说的创始者杜威创作和出版的书籍《民本主义与教育》《经验与教育》等针对体验对学习的作用进行了分析研究，指出把学科教材作为核心开展教育教学活动的传统教育模式，不具备实用价值，而且也和人们的实际生活有着很大的差距。杜威也在他的著作和相关学说当中阐述应该在教育教学当中落实生活即教育、做中学等思想观念。尽管该理论主张过分注重"经验"和"行动"，带有明显的经验主义特征，不过杜威提出的做中学思想对后来的教育改革与发展产生了极大的影响，也对今天的培训式教育产生着潜移默化的影响。

后来，这种做中学的理论得到了德国库尔特·哈恩（1886～1974年）博士实践上的发展运用。哈恩在19岁疗伤期间，拜读了布拉图、罗素、歌德等人创作的作品，并在读完之后进行了深刻的思考和探究：18世纪的大学当中，学生学习医学是把解剖学习作为开端的学习，农业是从种植有关农作物开始的，学习哲学是把辩论作为开端的，所有知识的获得都来自于实践，而经验来源于切身体验，有了切身经验会让记忆变得更加长久，甚至会产生终生不忘的积极效果。经过对上述学习方式的思考，哈恩由此形成了"从做中学"的理念。后来哈恩在德国南方萨拉姆学校担任校长期间，以"从做中学"的方法对他提出的一系列教育思想与主张进行有效实践。落水海员幸存给哈恩提供了创立外展训练课程的重要细节和支持。哈恩通过在落水事件研究的基础上创立外展训练课程及它所体现的"在体验中学习"的思想应用到实践当中并快速地得到了人们的肯定。

将体验式学习推向高峰的是卡尔·朗基，他针对外展训练衍生物 PA 教育模式等开展了诸多理论方面的研究工作，而这些研究也让他成了体验训练发展理论当中不可忽视的一个人物。衍生物 PA 是杰瑞·佩创立的，衍生物 PA 教育模式的第一位主管是鲍勃·伦兹，卡尔·朗基是第二任主管。设计上，在这之前卡尔·朗基就在研究这种教育模式，并出版了具有里程碑意义的《牛棚和眼镜蛇》。其后，卡尔不断研究并出版了 16 本该方面的著作，为我们如今开展体验式学习提供了理论支持。

二、情景学习的理论思想

情景学习理论自 20 世纪 80 年代兴起，90 年代初逐渐形成。伴随"School-To-Work"等运动的贯彻落实，情景学习网络快速搭建起来，各种各样的学术团体也快速发展，使得情景学习成了美国教育领域当中最为热门的一个话题。同时产生了"构建主义思潮""工作本位课程"以及"现代学徒制"，引发了全球范围内教育界、学术界研究和实践的热潮，可以说这从某种程度上改变并深化了人们对于学习的认识，并促进了教育理论和实践领域的全新、全面改革。早期情景学习理论思想产生于 20 世纪 80 年代之前，相关研究工作散落在心理、教育、哲学等学科当中。20 世纪 80 年代末情景学习理论思想初步形成，关注知识的情境性，成了揭示知识本质的一个新视角。很多知识情境性的研究是从多个角度出发进行的，有些是从人类学的角度出发进行探讨，而有些则是从心理学角度出发。自 1993 年以来情景学习理论体系进入到发展阶段。20 世纪 90 年代初，布朗、柯林斯、杜吉德等人指出：知与行是交互的知识具有情境化的特征，借助实践活动的形式。这一理论的核心观点是参与实践，能够促成学习以及理解。他们也进一步强调一定要彻底改变过去，存在的概念是独立实体，这一认识应该将其作为工具，只有对其进行实践应用才能够被其完全了解和掌握。格里诺以及穆尔又进一步对这个观点进行发展，强调平静在全部认知活动当中均有根本性。正是这个观点，使学习的内涵远远超过了理解的获得；这个理论是在其中学习和应用这种理解的情境中促成的。

情境学习理论在完善户外拓展训练体系方面发挥了积极作用，就像是爱因斯坦曾经说的他从来没有教过自己的学生，只是创造了让学生学习的环境而已。认知理论给出的看法是，学习的本质在于获得符号性表征以及结构。学习是产生在学习者内部的一种活动。在情景学习理论看来，学习的实质是个体参与实践和他人同时又和环境进行彼此作用的过程，学习是在社会环境当中产生的一种活动。

已经形成体系的体验式教育理论以及实践大部分来自于西方，只是从体验式学习的理论角度上看，欧美教育领域对这一内容的研究已经达到了非常深入的地步，也在该领域产生了很多优秀著作，同时在培训领域也有相当多具有丰富实践经验的教材与教案，而且这些教材教案探究的问题已经非常丰富和深入。不过从理论层面上看，我国在该领域的研究很少，但也并不是完全没有，在战国时就已经有针对体验式学习的认知，比方说荀子提出知之不若行之，朱熹把因材施教当作是重要教育准则等。

三、行为主义学习观念

持有行为主义观点的学者认为学习是刺激和反应间的连接，于是他们给出了基本假设：行为是学习者面对环境刺激给出的反应。认为行为主义者将环境当作是一种刺激，将刺激带来的机体行为当作是反应，认为全部行为均是习得的。约翰·华生在 20 世纪的初期创立了行为主义学习理论，在这之后在斯金纳、赫尔等人的影响之下，该理论在半个世纪的时间当中在美国占据主导地位。斯金纳把这一理论推向高峰，提出操作性条件作用的原理，并对该强化原理展开了系统性分析，促使这一理论变得越来越完善。他结合这一原理设计制作的教学机器与程序一时风靡整个世界。约翰·华生认为人类行为均为后天获得的环境，会对人的行为模式起到决定性作用，不管是正常的还是病态的行为，都是经过学习这样的途径获得的，也可以借助学习这样的方式对原有的行为进行更改和消除。在他看来，行为是有机体用来适应环境刺激的躯体反应的组合，有些事在外表表现出来，而有些则在内部隐藏着。在他看来人和动物没有差别，都遵照着相同的规律。在斯金纳看来心理学关注的是能够在外在上观察到的行为，并非是行为内部的要素。而且他觉得科学一定要在自然科学的范畴之中开展研究，重要任务是要明确刺激和机体反应间的函数关系。行为主义学习理论应用于学校教育当中，就是指出教师要掌握塑造以及调整学生行为的方法，为学生营造良好的环境，有效强化学生的正确行为，消除不正确和不适宜的行为。

第三节 户外拓展训练的实践内容

一、以教育为主

现代社会人们面临着极大的竞争以及压力，也因此提高了对从业人员的要求，强调每一个职业的从业者，除了要拥有较强的业务素质，能够遵照相关的职业规范进行行动之外，还要拥有良好的心理素质，具备完善的品质和精神，比如创新精神、团队协作能力等都要在实践当中或者在强化培训当中得到培养和有效发展。

企业的培训活动以及学校的教育教学活动数量众多，但是在组织开展这些活动的过程当中，大部分运用的是传统教育模式，也就是把机械性授课和知识灌输作为主要途径。这样的传统培训方法过于陈旧，对于培育具备极高领导和管理能力的企业管理人员来说，不能够获得良好的效果。所以，将倡导实践体验和经验共享为重要教学形式的户外拓展训练项目的产生，是一个让人非常振奋的消息，也是一个培育高素质人才必不可少的方案。

户外拓展训练可以让人在实践体验当中获得学习机会，提倡在学习过程当中的感知，并非是在课堂学习当中的被动聆听。在体验式学习实践当中，队员对整个教学过程起到主宰作用，并发挥主观能动性。假如队员能够清晰地感知到课程的进展是由他们自己掌控的则会更加主动积极地投入到这些实践活动当中，因为只有他们自己才更了解自己并能够深入内心。相关研究表明，通常情况下在课程讲授式学习当中，学生能够吸收的知识内容大约为 25%，但是学生在体验式学习氛围之下，可以吸收 75% 甚至更多的知识与技能。

户外拓展训练加入了很多有着较高挑战难度的项目要素，也有一些挑战性相对较低的内容，提倡队员在这一过程当中进行深层次的感知和学习，而不是被限制在课堂上被动听讲。众所周知，在没有掌握他人的感受之时，哪怕是有绝佳的见解和看法，也常常无法有效地说服他人。户外拓展训练的形式非常安全，还有着很强的趣味性，很容易被广大队员接纳。不过户外拓展训练的最终目的并不只是玩乐，而是要让广大队员在培训实践当中改变心智和提升综合素质。在这样的实践过程中，假如可以得到专业培训教师的指导与督促，将会获得非常理想的效果。

　　户外拓展训练是一种体验性的学习实践活动，也是对传统教育的补充和提炼，能够为传统教育的创新发展提供重要方向。大部分人觉得提升素质水平的重要手段就是运用各种各样课堂教学的模式来达成目的，让学习者掌握新知识和新技能。事实并非如此，军事技能是一种能够进行衡量的资本，也是个人必备的能力，但是人的精神与意志却是无形的力量，甚至往往发挥决定性作用。在怎样的情形之下能够让有限的知识技能发挥最大作用，怎样开发一直潜伏在个人身上但是个人却没有真正了解和掌握的能量，这些都是需要进行积极探索的。

　　此外，大量的实践表明，借鉴户外拓展训练的方法技巧并对其中的要素进行积极应用，不仅能够提升参与者的心理健康水平，还能够对他们进行具有针对性的心理危机干预。

　　有一个真实案例：某学生因为失恋的打击变得非常消沉，利用单一心理咨询以及个别谈话等方法，没有获得比较理想的效果。在这样的情况之下，培训师通过共同研究为他设定了负重训练，联合高空断桥的训练项目对其实施引导和心理干预，也就是运用户外拓展训练的内容对其进行指导。在项目的实施当中，让该学生背上几瓶 2.5 升的大瓶可口可乐，然后围绕着操场一直跑，一直到精疲力尽之时向他提出问题：身上背着包袱累不累？能不能将其甩掉？在得到学生肯定的回答之后扔下一瓶可口可乐，然后继续沿着操场跑步，一直到扔掉全部的可乐瓶。在这之后让该学生登上 8 米的高空断桥并大声喊道要忘掉过去和重获新生，在这之后跨过断桥。在所有的户外拓展训练任务完成之后对这名学生进行心理辅导，并对他刚才获得的体验过程进行密切整合，这名同学好像自己就领悟到了一些内容，在这之后也迅速地从消沉状态当中解脱出来，重新恢复自信和正常生活。

　　其他的事例还有：简单的"麻雀变凤凰"项目就能够让队员树立自信和提高创造力，普普通通的打绳结活动就能够让广大队员改变习惯；面对存在过于内向心理的学生，可以运用信任被摔以及人字桥等群体性的训练活动，同时联合一定的心理干预方法对他们进行指导；面对存在严重自卑心理的队员，可以选用高台演讲等项目；面对缺乏责任心和团队协作意识的学生，可以运用盲人方阵等项目，同时运用一定的管理学技巧对其进行教育与指导。在具体的实践活动当中，历经反复多次的尝试与研究，发现这样的方法给队员带来的触动和影响力远远优于常规的教育和谈心方法，特别是这样的措施具有很强的灵活性，能够在疏导教育和拓展训练的双重作用与助推之下，促进学生学习行为和思想认识上的变化。

　　分析其中的原因是现如今的大学生在改革开放浪潮之后受多元文化影响非常深刻，面对很多事情时都只有怀疑的态度，他们的价值理念还不够成熟，有着极强的可塑性。与此同时，学生有着非常鲜明的个性，自我约束和管理能力差，存在较强的逆反心理与从众心理。在实际的教育教学中，利用机械性说教与灌输的方法是无法改变学生心中已经固化的观念和认识的，这实际上也是传统教育当中始终存在着的问题。实践体验则能够让广大队员轻松接受和信服，利用户外拓展训练这样的灵活创新的模式，模拟现实场景，先进行实践，再进行归纳总结，让队员获得差异化的感知与体验，在此基础之上运用一定的心理与教育学的方法对他们进行引导和疏导，自然能够让他们由内而外地认知问题并主动地进行调整与优化。这样的教育策略与心理治疗当中选用的认知领悟方法有着异曲同工之妙，面对存在心理困惑的学生，均可以运用这样的方法对他们的认知进行改变，消除其心理问题。对于队员也可以运用这样的方法，增强他们的信心，培育其团队协作精神和其他的素质品格。可以利用户外拓展训练，这样的实践活动能够有效挖掘个人的最大潜能，促使人进行深入多面的自我探究，增强人在面对危机时的承受力，而这也是户外拓展训练的真正价值所在。

在现代社会独生子女的时代里，孩子与孩子们之间的沟通少了，心理的压力加大，孤僻的性格较强，好胜心重。面对这样的孩子应关注如何来让孩子们之间更好地建立理解，建立相互信任与合作的精神。

（1）尊重与理解。利用体验式培训的方法，能够让各个队员均感知到理解与尊重的乐趣，促使他们放松身心、调整心态，主动地赞美和悦纳他人，充分体会诚信、责任、创新、奉献的价值所在。

（2）提升自信，肯定自我。用深刻的行动体验，从多个角度认识自己，提升他们的自信心，让他们发现个人的价值。

（3）突破自我极限。突破心理障碍，拆除自我设限，快速突破生活各方面的瓶颈。

（4）开发潜能。充分挖掘内在潜力，促进深层次的心理蜕变，有效提高身体素质和综合素养。

（5）培养责任感、感恩心态。培养员工的责任感，激发他们感恩的心态，建立成功的人生价值体系。

（6）增强主人翁意识。树立主人翁意识，建立欢乐的氛围，培养"每个队员看到团队的成功就是自己的小成就积累"的积极心态。

（7）沟通无极限。利用有效沟通的方法形成较强的亲和力，提升沟通技能，增强影响力，强化队员间、队员与教师、队员与领导的沟通，杜绝误会、冤枉、扯皮现象发生。

（8）增强团队合作精神。以有效沟通作为重要根基增强队员和队员之间的团队协作精神，消除人与人之间存在的诸多隔阂和矛盾，多一些认同与理解，关心、关爱集体以及集体成员，乐意为团队付出，不计较个人得失，在各项事情方面全身心投入，并正确面对成败。

（9）激发行动力。对未来学习生活充满激情和竞争意识，增强紧迫感，提升吃苦耐劳与勇于挑战的精神，能够进行自我激励，学会激励他人不畏惧挑战和挫折，与此同时让这样的活力可以持久地保持下去。

（10）凝聚力量，成就目标。户外拓展培训的目的是：增强队员的自信心，树立队员的执行力，激发队员的进取心、凝聚力，培养队员的爱心、意志力，锤炼队员的决心、耐挫力，培养队员的恒心和创造力，增强学生沟通与协调能力，增加队员客户服务的技巧，使队员真正地做到"以人为本、忠诚企业、奉献社会"。

二、以学习为主

户外拓展式学习是建设学习型组织过程当中的一次全新探索。学习不单单是积累知识的过程，还是积累能力与阅历的一个过程。之所以得到这样的结论关键是要看学习形势究竟如何。户外拓展式学习是从实践层面出发，对学习进行分析和诠释得到的重要结果。在将党政部门作为主要对象的户外拓展式学习实践当中，户外拓展指的是在现有理论资源外的资源体系当中审视和寻求学习的差异化方法。户外拓展并非是无限的，而是将学习工作化与工作学习化作为重要准则，有目的地开展户外拓展的一种实践活动。户外拓展式学习主要有以下几种不同的形式。

其一，任务式学习。在建设学习型组织的环节中首先需要定位好学习方式，只有这样才能够把握好组织建设的明确方向。党政部门在发展建设当中所提出的推进学习型组织建设和企业的学习型组织建设存在着很大的差异。这是因为二者在性质方面是有极大差别的，前者是行使运用权利的部门，该部门特别讲究的是要进行严格而又高效的管理要求，凸显管理水平以及管理能力，并非是要把关注点放在创造财富方面。另外党政部门组织行为要强于其他单位，这也是党政部门的显著特征以及重要优势，对这些部门来说，组织领导与指挥能力是至关重要的。

其二，交叉式学习。这里所提到的交叉主要有以下几个方面的表现。第一种交叉是知识和能力交叉。户外拓展式学习方式涉及对于差异化资源系统的协调应用，还涉及多样化学习形式之间的应用和协调。在打造学习型组织的过程当中，常见的误区就是只见学习而不见能力，只是将知识学习和完善知识体系放在第一位，忽略了以解决问题为核心的创造性学习内容。知识与能力的学习与获得均不是学习最终结果的体现，都属于学习的形式和过程。一方面要注意知识的学习，在从事相关工作的过程当中积极寻找重难点并对其展开深层次的研究与分析。另一方面还需要加强能力训练，涉及领导力、协调力、适应力等多个方面的内容，甚至能够拓展到运动能力、潜在能力等的培训方面。能力的学习和养成，除了和人的主观能动性有着密切关联之外，还和环境要素有着非常密切的关联，只有历经艰难困苦磨炼的人，才可以成为实践以及学习的主人。第二种交叉是职位和岗位交叉。户外拓展式学习的显著优势也就体现在这一方面。对于岗位交叉，事实上我们并不陌生。因为我们常常会听到挂职轮岗等说法，不过这样的情况只是在极少数人当中开展户外拓展式学习，涉及的职位和岗位交叉是在大多数人当中推进岗位交流。利用这样的方法，能够在机关与基层间构建密切和谐的沟通关系，掌握过去不熟悉的程序，接触过去没有遇到的问题和困难，开阔眼界，提高各个方面的实践能力。第三种交叉是能动和互动交叉。组织给个人提供了进行素质能力锻炼的良好条件，用来充分调动学习者的热情和积极性，但是最终需要的还是是否可以形成组织内部的互动关系。产生互动的关键点是构建有效的沟通交流系统。不管是提升能力、阅历水平还是积累知识，都需要将交流系统作为一个重要平台和纽带。所以，构建交流系统在提升学习者能动性和主动性以及增强个人和组织的互动性等方面有着极大的价值。

其三，体验式学习。户外拓展式学习非常特别的一点，就是把体验放在重要位置，强调体验的重要价值，认为只有在对事物有了感性认知，获得了一手资料之后才可以入木三分。体验式学习是形成理性升华的重要根基所在，也是感知差异化环境受到多种历练的重要途径。以差异化的环境体验与思考作为基础，会给学习者的人生观产生极大的影响力。

体验式学习是由以下几个环节构成的，这几个环节既独立，同时又存在着非常密切的关联关系。

（1）体验：这是过程的开端部分。个人投身于一项实践活动，并且用观察、表达与实践行动的形式开展这样的初始体验是过程的基础所在。

（2）分享：在拥有了体验之后更为重要的就是参与者要和有相同经历的人分享感受或者观察到的内容。

（3）交流：分享个人感受仅仅是首要步骤。循环的关键点是将分享的东西进行有效整合与其他参与者探究沟通，以及能够体现自己内在的生活模式。

（4）整合：依照一定的逻辑程序，接下来是要在经历当中归纳原则和提取精华，并利用某些方法进行整合来让参与者认清体验成果。

（5）应用：最后环节就是要策划怎样把这些体验应用到工作生活当中。应用本身也是一种重要的体验，在获得了新体验之后这样的循环又会开始，所以参与者可以从中持续性地进步与发展。

三、基于增效为主

1."训练赢"，户外拓展培训"实效"

几只小鸡向老鹰师傅学习飞翔，在经过了一段时间的学习之后终于学成，于是满心欢喜地排队走回家。这样的故事实际上特别能够说明如今户外拓展培训行业的发展现状。队员获得的受训效果只是在培训过程当中，在培训完成之后往往会抛诸脑后，培训当中的很多内容成了过眼云烟，忘记了自己已经学会的飞翔，仍然运用自己已经习惯的走路方式。怎样才能够让户外拓展培训在生活和工作当中发挥真正的培训效果，将学习到的飞翔技能应用到各种各样的实践当中，是培训企业以及有关企事业单位需要特别关注的一个问题，而这个问题正在逐渐被解决。

被称为第四代户外拓展培训理念的"训练赢"项目现如今已经在北京体验空间公司开发出来，而且还将其应用在中国移动、李宁体育等巨头企业当中，并获得了广泛称赞以及非常突出的应用效果。李宁体育事业部的总经理洪玉儒在接受采访时告诉记者，这个项目最为特别的地方就是把中国文化的实证体系和现代培训技术手段进行密切整合，提倡格物致知和执行统一的观念。参与这些个项目的领导以及广大员工均有非常好的反馈，也是近几年来最为成功和让人震撼的培训。不少业内的专家都将其作为一种革命性的解决方案，认为该方案会开启户外拓展训练的全新时代。

2."赢"体验锻造"全员领导力"

人们最为普遍的看法为企业是户外拓展培训的最大受益者，所以在课程设计方面更加关注的是团队精神和集体力量的挖掘与发挥，忽略了个人是构成团队的核心因子。关注个人内在潜能的开发，发挥个人的领导力，才能够真正扩展户外拓展行业。只有当每个人均能够出色完成本职工作，这样的团队才能够称得上是卓越团队。我们需要关注的是对人的本性和智慧进行充分的挖掘，通过对企业的共同目标以及训练团队进行量化的方式，树立赢的信念。要将做和学结合起来，才能够真正形成对个人实践的指导，并产生理想的效果。而且一定要让个人反复体验赢的经验，这样才能够强化认识并获得理想的效果。美国的一个专家团曾经做过相关试验，试验结果显示，要养成某个习惯，需要经历 6 000 ～ 10 000 次的重复才能够达到目的。职业习惯的养成也是这样，这也是我们特别关注赢的体验的原因所在。只有在一次又一次的成功体验当中养成成功和赢的习惯，才能够形成成功潜意识。要让每个人都清楚地了解到只有这样做才能够得到赢的成果。这个诀窍，简言之就是格物致知，将个人的日常工作做到极致就是成功的坚持。实际培训当中常常会利用达成不可能任务的巅峰体验，让个人获得丰富的成功体验。个人在工作情境当中增强自身的领导力，对于自己和整个团队来说都是成功的动力。

3. 三大"撒手锏"臻于培训"实效"

就我国的培训市场而言，存在着极为特殊的企业文化以及雇员文化，只有从真正意义上了解了这样的文化才可以促进培训市场的健全和完善。不过我国社科院的一些研究员认为，我国企业最缺少的是追求成功的一种精气神。怎样促进这一精气神的形成就成了提高培训实效性的关键要素。

在大力锻造冠军气质的进程当中，"训练赢"把传授、修炼和实践放在同等重要的位置，讲求内外兼修，运用归零心态和赢的精神突破培训及表而不及里的弊病。这样的方法从表面看非常简单，不过在实际培训当中并非如此，需要运用多种多样的技巧与方法，利用触人心弦的故事对人进行启迪，使人在实践当中对其进行反复参详和深刻领悟。

过去的培训效果不够理想，还有一个非常重要的原因就是不存在实践标准，人们不知道做到怎样的程度才算是成功。针对这一情况，有人提出刻刀修炼这样的说法，也就是用格物致知的标准来要求参与者同时联系实际生活和工作当中的情境，对他们进行诸多能力的培训，让他们深刻感知参禅悟道的一个体验性过程。

其中的数据表明，培训在个人的成长进程当中能够发挥的作用只是占到了7%，把培训功能发挥到极致状态，也只是能够达到这样的效果。但是体验空间将培训室进行了扩大，放宽到影响个人成长的很多重要因素当中，比如挑战性工作困境、重要人物等方面强调培训和实际工作进行密切整合，提升工作绩效水平，在极大程度上解决了过去培训效能低的情况，促进了培训质量的提升。

第三章　户外拓展训练的沟通概述

第一节　户外拓展训练的沟通

一、什么是沟通

"沟通"这个词语的原本意思是在凉水当中利用开挖沟渠的方式将其贯通。如《左传·哀公九年》："秋，吴城邗，沟通江淮。"杜预注："於邗江筑城穿沟，东北通射阳湖，西北至末口入淮，通粮道也。"沟通有两种词性，分别是名词和动词，如果是作为名词，沟通是一种状态；如果是作为动词，沟通是一种行为。"沟通"这个词语在后来常常用于比喻思想交流和分享。信息社会又泛指信息沟通。

1. 沟通的类型

从学科及其定义角度探讨什么是沟通，国内没有系统的理论，国外目前也是众说纷纭。据不完全统计，沟通的定义有 150 多个。如果对其进行概括说明，可以将其归纳成以下几种主要类型。

（1）共享说，指出沟通是发送者和接收者的信息分享。比方说施拉姆指出在沟通的时候是要努力想和对方确立共同的东西，实现思想态度以及信息的共享。

（2）交流说，指出沟通是一种互有来往的双向互动活动，比方说霍本把沟通定义为用语言沟通思想。

（3）影响（劝服）说，指出沟通是发送者对接收者施加影响的一种行为，比方说露西和彼得森将沟通确定为人和人彼此影响的全过程。

（4）符号（信息）说，指出沟通是符号或者信息的一种流动，比方说费雷尔森认为沟通是利用大众传播与人际沟通的主要媒介所开展的符号传递活动。

2. 沟通的含义

简言之，沟通是信息的交流，也就是一方把信息传达给另一方，并且期待对方给出反应的一个过程。由此观之，沟通包含以下几个层次的含义。

（1）沟通涉及双方，其中必须存在中介体。沟通是信息在个体或群体之间的传递，否则只是个体的自言自语或自我反省。

（2）沟通是一个过程，是信息交流的过程总和。人际沟通通常可以划分成六个步骤及信息，发送者将要发送的信息依照一定程序编码，促使信息依照一定通道进行传递，接收者在接收到信息之后进行译码，解读信息再把收到的信息或反映回馈给信息发送者。

（3）编码、译码和沟通渠道是保证沟通有效的关键点。对于沟通双方来说，只有信息被准确地编码和译码，达成编码和译码的一致性，才能保证有效沟通。但是假如选用的沟通渠道不正确或者不适宜，则常常会出现信息堵塞或失真的问题，所以在实际沟通当中一定要特别注意这样的情况。

3. 沟通的要素

从定义上进行分析，沟通包括三个大的要素。具体内容如下。

（1）沟通一定要有一个明确的目标。这是沟通最重要的前提，在工作场合这一点尤为重要。如果没有明确的目标，沟通者就没有必要浪费时间进行沟通。明确的目标可以使沟通更有针对性，从而更有效率。

（2）沟通是信息、思想和情感的沟通。沟通传递的内容既有中性的信息，也包括理性的思想和感性的情感。三者相比较就会发现，信息的沟通更容易。要在思想、情感上达到一致的体验并产生共鸣，使对方从心理上愿意接受你的观点和主张，否则会有很多的障碍。

（3）达成共同的协议。通过沟通，主体发出的沟通要素不单单要被传达到客体，还需要被充分理解并形成某种协议。沟通的目的并不是行为本身，而是结果。达成共同的协议，是有效沟通的最重要的标志。

二、沟通的重要性

沟通是日常生活中的一种必需的、无处不在的活动。据成功学家的研究，正常人一天当中要花费在沟通活动上的时间占到 60% ～ 80%。所以，曾经就有一位智者做出了归纳，人生的幸福实际上是人情的幸福，人生的幸福是人缘的幸福，人生的成功是人际沟通的成功。沟通不单单是个人得到他人信息的一种重要途径，还是能够影响他人，甚至是改变他人的工具与手段。

具体来说，沟通的作用可以从以下几个方面去理解。

（1）传递和获得信息。通过沟通，交换有意义、有价值的各种信息，我们才能对周围的环境进行了解并做出反应。

（2）改善人际关系。在彼此沟通当中，人们能够增进了解，改善彼此之间的关系，尽可能地减少冲突和矛盾。特别是通过有效沟通这样的实践活动能够得到人际关系相应的和谐，人际关系又会让沟通更加顺畅。

（3）促进个人发展。结合马斯洛需求理论，不管是谁都存在归属与爱的需要，均有实现自我价值和促进自我发展的需求。沟通可以促进群体成员之间的思想和情感的交流，使人们找到群体归属感。通过沟通，人们了解他人、理解他人，同时，也从他人对自己的态度和评价中客观地了解自己，从而为自我的设计、发展和完善创造有利条件。

（4）提高团队的工作效率。通过沟通，可以使团队内的信息传递更为通畅，满足团队成员对于信息的需求，激发成员士气，提高工作积极性。有效的沟通还可以将每一位成员的知识、经验、特长等融合在一起，更好地与团队的其他成员进行合作，从而提高团队的工作效率。

第二节　户外拓展训练的沟通过程

沟通的过程是信息发送者把信息借助一定路径传达给接收者的一个过程。在沟通学的研究中，很多学者用构建模型的方法对沟通过程进行解析。

第一位提出沟通过程模型的是拉斯韦尔。他在《传播在社会中的结构与功能》一文中指出沟通过程涉及五个基本要素，同时依照一定结构顺序将这几个要素进行了排列，最终形成了人们所熟知的"5W 模式"，这五个"W"分别是英语中五个疑问代词的首字母，即 Who，Say What，in Which Channel，to Whom 和 with What Effect。在这之后又经过不少沟通研究人员的调整和优化，提出了较为完整的沟通过程模式，具体如图 3-1 所示。

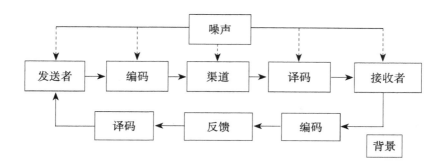

图 3-1　沟通过程模型

　　沟通过程的开端是发送者。发送者先对大脑当中的思想进行编码，然后将其转变成信息之后利用一定渠道发送给信息的接收者。接收者在收到信息前先要对其进行翻译，完成译码这样的过程。发送者编码与接收者译码均要受个人知识经验、文化背景等诸多因素的影响。沟通最后的环节是反馈，指的是接收者将信息反馈给发送者，同时检查信息是否被理解，以便纠正这一过程当中存在的偏差。沟通过程极有可能受到一定的噪声影响。这里所说的噪声指的是信息传播环节的干扰因素，有内外部干扰因素之分，如果不能够排除这样的干扰因素，极有可能出现信息失真的问题，导致沟通效果大大降低。

　　简单或复杂的沟通过程实际上都包含了发送者、编码、渠道、译码、接收者、反馈、噪声和背景这八个要素，每一个要素都有可能产生沟通的障碍，影响沟通的效果。所以，在日常生活中，由于沟通无效引发的尴尬和矛盾屡见不鲜。

一、发送者

　　信息发送者是沟通的主体，发挥着关键性作用。要想确保信息传递的有效性，就需要关注以下几个重要因素。

　　（1）必须做好充分准备工作，并且明确目标。信息发送者先要保证对沟通内容有清楚而又准确的理解，因此需要在沟通前进行一定的调查研究，获得大量的资料与数据信息，明确每次沟通需要解决的问题和达到的目的。对于这些内容不单单要做到个人心中有数，还需要进行换位思考，为接收者着想，确保接收者也能够准确理解信息的内容。

　　（2）选取合理科学的信息传递方法。信息发送者需要结合信息重要程度、时效性、是否要进行长期保存等诸多因素选取差异化的沟通形式和信息传播方法。比方说对于存在重要保存价值的信息，要运用书面沟通的方法，这样做的目的是防止发生信息丢失问题。对于存在极强时效性的信息资料，要选用口头沟通方法或者运用广播、电视等媒体手段进行信息传播，以便扩大信息的影响力。

（3）沟通内容必须准确完整。信息发送者需要努力提升个人的文字表达能力以及语言表达技能，确保沟通内容有很强的针对性，能够条理清楚，明确地说明观点，防止运用模糊性的语言，以免让接收者在理解上出现误差。

（4）信息发送者要积极缩短和接收者之间的心理距离，达成新的共识。沟通的成功与否，发送者在信息接收者心目中的良好印象是至关重要的因素。一旦信息接收者将发送者看作是"自己人"，沟通会很容易进行。

（5）信息发送者要注意运用沟通的技巧。在沟通过程中，信息的发送者要综合运用各种沟通技巧以加强信息的可信度，使信息更容易被接收者接受与理解。比如可以运用心理学当中的权威效应，尽可能地让各个领域的权威专家参与信息发送过程，这样能够提升信息传递的影响力和有效性。

二、沟通渠道的选择

渠道是信息从发送者到接收者所借助的媒介物。发送者要根据信息的性质选择恰当的沟通渠道。在选择沟通渠道的过程中要做到：

（1）尽可能地减少沟通互动当中的中间环节，减少传递链条。那是因为在实际的沟通环节中多会导致传递链复杂，也会降低传递速度，更容易出现信息失真的情况。

（2）要充分运用现代化的沟通手段，提高沟通的速度和广度。与过去的沟通路径相比，现代沟通手段在信息传播的速度和范围方面有着极大的优势。在具体的沟通环节需要结合信息性质，积极运用现代化沟通方法来确保沟通的有效性。

三、信息的接收者

1. 信息的接收者要以正确的态度去接收信息

沟通的终极宗旨是要让接收者接受以及理解信息，否则这样的沟通活动就丧失了意义。在具体的沟通环节，信息接收者需要把接收收集信息当作是重要的学习机会，当作是得到正确判断和决策的基础与前提，同时还要当成和他人构建密切关系、提升人际互动有效性的条件。知识经济的快速发展，要求人们持续不断地更新知识和促进知识之间的有效流通，在这一过程当中沟通就成为了知识更新和信息互动的关键手段。假如信息接收者可以充分认识到接收信息的重要价值，那么就可以显著增强沟通效果。

2. 接收者要学会"听"的艺术

在接收信息的实际环节，通过认真倾听的方式不单单能够有效掌握诸多高价值的信息资料，还能够表现出对发送者的尊重，因此这样的做法能够极大程度上拉近和信息发送者之间存在的心理距离，获得比较理想的沟通效果。

四、编码与译码

编码指的是发送者把信息转化成能够进行有效传输的信号的一个过程。这样的信号可以有多种不同的形式，比如文字、数字、肢体语言、声音等。译码是接收者将获得的信号翻译、还原为原来含义的过程。编码和译码是影响沟通效果的关键因素，直接决定沟通的成败。理想的沟通是历经编码与译码之后接收者收到的信息和发送者信息完全吻合和对称。两种信息完全对称的基础和前提是双方拥有相似的知识经验、情绪、态度等。假如双方不具备共同经验，很容易在信息的传递过程当中出现障碍，导致编码和译码产生误差，影响沟通效果。

张之洞任湖广总督时，驻地武昌，大力兴利除弊，为地方办了些实事、好事，一时声望如日中天，成为洋务运动中的领军人物。当时梁启超年未及冠，游历武昌。这一日，梁启超来到总督府，投递名刺（名片），求见总督张大人。张之洞本人系科举正途出身，见名刺上只题"新会士子梁启超"，便有些不悦。

张之洞传见梁启超，梁启超昂然而入，长揖不拜。看到梁启超小小年纪气宇轩昂，张之洞不觉心动。一贯喜欢奖掖有志气之青年人的张之洞决定考考梁启超的才学。略加思索，张之洞口占一联，要梁启超对出下联。张之洞的上联是："天作棋盘星作子谁人敢下"，张之洞把天喻作围棋盘，星星喻作围棋子，显示出开阔胸襟。梁启超应口而答道："地为琵琶路为弦哪个能弹"，梁启超以地喻琵琶，以路喻弦，同样表现出博大的胸怀。

张之洞手拈长须，微微颔首。眉头一皱，张之洞又出联道："四水江第一四时夏第二老夫居江夏谁是第一谁是第二"，江、淮、河、济四条河之中，长江排名第一；春、夏、秋、冬四季之中，夏季占第二个季节。武昌古称江夏，号称九省通衢，向为湖广总督衙门驻地。踌躇满志的张之洞，以疑问的口气，肯定地表达了"我是天下第一名臣"的自负。

面对咄咄逼人的总督大人，少年才子梁启超不紧不慢地接对下联："三教儒在前三才人在后小子本儒人不敢在后不敢在前"，儒、释、道三教之中，儒排名在前。天、地、人三才之中，人排名最后。梁启超借"不敢在后，不敢在前"的谦虚之语，肯定地表达了在声名显赫的总督大人面前自己毫不畏惧、不卑不亢的态度。

张之洞一听梁启超所对，不由大惊，心中暗暗赞许。张之洞问："梁君所来为何？"梁启超答道："生不愿封万户侯，但愿一识韩荆州！"梁启超引用唐代大诗人李白《上荆州长史书》原句作答，暗暗地恭维了张之洞一番。见梁启超答对得体、气概非凡，张之洞遂青睐有加，宾主尽欢而散。

五、背景

背景是指沟通所面临的总体环境，不管是哪一种沟通方式，都会受到诸多环境要素的影响，而沟通背景往往包含以下几个方面的内容。

1. 心理背景

心理背景是沟通双方的情绪与态度，具体包含两个方面：其一是沟通者的情绪与心情，或兴奋、或激动、或悲伤、或焦虑，不同的心情和情绪会影响沟通质量；二是沟通双方的态度，假如沟通双方存在着敌视或者是关系冷漠的问题，那么在实际沟通当中往往会出现偏差和误差，导致沟通双方都无法准确获知对方信息的含义。

在管理学上有一句话："要想带一支队伍，你必须要有感情、要有情绪，但是你更要时时能站在你自己的头脑之上。"这就是说你得能管理个人情绪并进行情绪的把控，成为情绪的主人。

在和人沟通的过程中，同样也需要做好情绪的把控。如果带着某种情绪与人沟通交流，他人通常会更加关注你的情绪，从而忽视你所传递信息的内容，同时你的情绪还会对他人的情绪产生不同程度的影响。就像是人们如今所熟知的头痛传染病这样的事例，经理昨晚因为失眠，早上起来头痛欲裂，于是皱着眉步入办公室，第一个员工看到这样的经理心想不妙，经理今天心情很糟糕；第二个员工看到经理的表现在想经理是不是对昨日提交的报告不满意；第三个员工心想经理是不是被上司责骂了。于是整个办公室当中都有着一个非常紧张的氛围，此时已经不再是经理个人的头痛，而是办公室当中的所有人共同"头痛"。

2. 社会背景

社会背景即沟通双方的社会角色及其相互关系。每一位社会成员都承担着不同的社会责任，扮演着不同的社会角色。对应于每种社会角色关系，拥有相应的沟通方法，只有运用与社会角色相适应的沟通方法，才可以得到他人的肯定和悦纳。

美国一家影片公司曾推出一部《维多利亚女王》，其中有这样一个片段：维多利亚女王很晚才结束工作回家。当她走回卧房门前时，发现房门紧闭，于是抬手敲门。卧房内，她的丈夫阿尔伯特问道："是谁？""快开门吧，除了维多利亚女王还能有谁！"女王没好气地回答道。里边没有反应。女王接着又敲，阿尔伯特又问："请再说一遍，你到底是谁？""维多利亚！"女王依然高傲地回答。里边还是没有反应。女王稍等了片刻，再次轻轻地敲门。"谁呀？"这次，维多利亚女王轻声回答道："我是你的妻子，给我开门好吗，阿尔伯特？"结果门开了。

3. 文化背景

文化背景是沟通双方价值观、思维模式、心理结构等要素的一个综合体。一般而言，人们往往无法充分感知到文化背景给沟通带来的影响力。事实上文化背景对个人的沟通过程产生着极大的影响，甚至是影响沟通过程当中的各个环节，在差异化文化的交流碰撞当中，人们通常可以清楚地感知到这样的影响。

中国有句古话："十里不同风，百里不同俗，千里不同情。"这是中国地域文化的生动描述。各地的风土人情各不相同，南北有别，东西各疏。由于这种南北、东西的差异造成了地域之间对事物的理解差异，同一句话在不同的地方，可能意味着不同的意思，给沟通带来的结果也各不一样。

4. 空间背景

空间背景简单来说就是沟通场所。空间背景不同，最终形成的沟通气氛也会存在较大的差异，比方说在教室当中讲课以及在办公室当中探讨问题，在氛围与沟通过程方面是有很大差别的。在公交车上听到消息和接到朋友电话特意告诉消息，带给人的感受也是完全不一样的。环境中的声音、光线，沟通双方对环境的熟悉程度等都会影响沟通的效果。

5. 时间背景

时间背景指的是沟通产生的时间节点。在差异化的时间背景之下，相同的沟通产生的效果也是完全不一样的。同样的任务，领导在上午9点钟布置给你和下午4点半布置给你，给你的感受肯定是不同的。所以，选择合适的时间进行沟通是非常重要的。

六、噪声

噪声是在沟通过程中影响信息传递与理解的干扰因素，事实上噪声在整个沟通过程当中均是存在着的。典型的噪声包括以下三个方面的因素。

1. 影响信息发送的噪声

这包括信息发送者表达能力不佳、词不达意，逻辑混乱、艰深晦涩，知识经验不足，使解码造成局限，不守信用，形象不佳等。

《三国演义》中的"凤雏"庞统，是与诸葛亮齐名的谋士，在赤壁之战时避乱于江东，被鲁肃推荐给周瑜，入曹营献"连环计"，帮助周瑜火攻成功。周瑜去世后，鲁肃将庞统推荐给孙权，"权见其人浓眉掀鼻，黑面短髯，形容古怪，心中不喜"。诸葛亮借吊丧之际拉拢庞统，于是庞统往荆州投靠刘备，"玄德见统貌陋，心中亦不悦"。只是委以县令之职。后因庞统不理政事，刘备派张飞前去责罚才发现庞统的才华，遂拜庞统为副军师中郎将，与诸葛亮共赞方略、教练军士。才高如庞统，只是因为形象不佳，影响到了他所发送的信息。

2. 影响信息传递的噪声

影响信息传递的噪声主要包括：信息遗失、外界噪声干扰、缺乏现代化的通信工具进行沟通、沟通媒介选择不合理等。声音、光线、信号强弱、网络是否通畅等都会影响到信息的传递。

3. 影响信息接收和理解的噪声

（1）知觉的选择性。人们常常会对某些信息表现得非常敏感，但是对其他信息则不感兴趣。一般情况下，我们对与我们的观点相同的信息会特别感兴趣，而对相反的信息则会排斥。所以有学者在相关研究当中指出，我们并非是看到事实，而是对看到的事物进行解释，并将其称作是事实。

（2）接收者的选择性理解。接收者通常会结合个人理解以及需求过滤信息，最终形成信息传播过程当中的差异。每个人所处的社会环境不同，受教育水平、生活经历、社会地位各异，因此，对于同样的信息，接收者不同，最终获得的理解也各不相同，哪怕是同样的接收者，因为收到信息时的心境和气氛是不一样的，也会对同样的信息产生不同的解释。

有两个在工作当中遇到很多不如意事件的年轻人共同拜访师傅，两个人一同问道："师傅，我们在办公室工作当中常常被欺压，非常痛苦，求您指点迷津，我们应不应该辞掉自己的工作？"

师傅在听到问题之后紧闭双眼，隔了好久说出5个字"不过一碗饭"，在说完之后挥手让两个年轻人退下。

再次回到公司当中之后，一个人上交辞呈，回家种地，另外一个人什么也没做。

日子过得飞快，10 年之后辞职回家种地的年轻人运用现代化的经营方法再加上进行品种的改良，成了农业方面的专家。另外一个年轻人选择了留在公司也获得了一个不错的前程，他忍气努力上进学习，逐步得到了器重，成了一名经理。

某一天，这两个人相遇了。

"非常奇怪，师傅给我们是同样的 5 个字，我在听到之后就懂得了其中的含义。不过只是一碗饭，日子并没有什么难过的。何必非要留在公司当中，所以选择了辞职另谋他路。"农业专家问另外一个人："你为什么当时没有听师傅的劝告，和我一样辞职呢？"经理听完之后笑着说："我在听完师傅说的这 5 个字之后心想多受气和受累，只不过是为了混碗饭吃，老板说什么要怎样做，自己做就是了，少一些赌气和计较的成分就可以了，难道师傅说的不是这个意思吗？"

两个人又去拜访师傅，此时的师傅已经年岁很大，仍然紧闭双眼隔了很久回答了 5 个字，"不过一念间"，之后挥挥手……

而如果信息量过于巨大，就会过犹不及，接收者就会没有办法分清主次，对信息的解码会处于抑制状态。刘备第一次拜访诸葛亮，请童子通报："汉左将军宜城亭侯领豫州牧皇叔刘备，特来拜见先生。"童子回答："我记不得许多名字。"刘备只好将信息精简，留下最重要的："你只说刘备来访。"

七、反馈

反馈指的是接收者把信息返回给发送者并对信息是否被接受、被理解进行核实，反馈也是整个沟通过程当中的最后环节。为检验沟通效果，接收者是否接受和准确理解信息，反馈是至关重要的一个环节。在未得到反馈前不能够确定信息是不是已经得到有效的编码和译码。通过反馈信息交流变成了一种双向动态过程，双方才能真正把握沟通的有效性。假如反馈表明接收者接收到了信息，同时还理解了信息当中的内容，那么我们就将其称作是正反馈，反之则是负反馈。

得到反馈的方式有很多种，直接向接收者提问，或者观察接收者的非语言信息，都可以获得其对信息的反馈。

第三节　户外拓展训练的有效沟通

一、有效沟通的原则

为了更有效地进行沟通，在沟通过程中必须遵循以下几个重要准则。

（1）清晰（Clear）。该原则要求在表达当中要确保信息完整和顺序清晰。表达的信息结构完整、顺序清楚。

（2）简明（Concise）。该原则要求在表达同样信息的过程中要尽量占用少的信息载体容量，保证表达简明扼要。这样做既可以降低信息保存、传输和管理的成本，也可以提高信息接收者处理和阅读信息的效率。保洁公司就对简明作了规定，送交高级经理审阅的文件，每份不得超过两页。

（3）准确（Correct）。该原则是评估信息质量的最高标准，也是影响沟通结果的一个关键性指标。准确包含的内容涉及多个层次，先是发送者大脑当中的信息是准确的，接下来是信息表达方式是准确的，尤其是不能够有重大歧义问题。

（4）完整（Complete）。完整也是影响信息质量与沟通结果的一个关键性因素。我们大家都非常熟悉的"盲人摸象"的故事就是片面的信息导致判断和沟通错误的一个很生动的例子。

（5）有建设性（Constructive）。该原则特别指出的是沟通要有很强的目的性。沟通的目的是促进沟通双方信息交流。因此，沟通中不单单要考虑表达信息要清楚简单和准确完整，还必须要考虑接收者的态度与接受程度，以便利用沟通的方式让对方接纳其中的重要信息。

（6）礼貌（Courteous）。情绪和感觉是影响人们沟通效果的重要因素。有礼貌的沟通表达、恰当的语言以及肢体动作，可以在实际沟通的过程当中给人留下深刻和良好的印象，还有可能产生移情效果，最终促进沟通目标的达成。假如运用的语言和举止状态均是不礼貌的，那么不仅会让沟通不能够顺利开展，也无法促进沟通目标的达成。

以上六个词汇在英文中都是以字母 C 开始的，因此，被简称为有效沟通的 6C 原则。

二、沟通中的障碍

从信息的发送者到信息接收者的沟通过程并非都是畅通无阻的，其结果也并非总是尽如人意。沟通过程中总会因为存在这样或那样的障碍，而出现沟通失败或无法实现沟通目的的结果。信息沟通当中的障碍指的是信息传播环节产生的噪声问题、信息失真问题或信息传播停止等情况。

一般来讲，影响信息沟通主要是发出和接收信息者、信道和载体、技术装备和环境四大因素。每个方面又可以细分，只要我们了解了阻碍信息沟通的主要因素，并在实践中有针对性地加以注意和改进，成功的沟通就得到了基本的保证。

1. 心理障碍

沟通过程中有很多因素，是沟通障碍因素。在众多的障碍因素当中，心理障碍问题表现得非常明显。由于人的兴趣、爱好、性格、特征、价值理念等有着非常突出的差别，这样的差别让人们在实际沟通互动当中，往往无法依照个人的主观意愿行事，于是会对信息进行过滤与选择，导致信息传递过程当中发生断章取义或面目全非的问题，造成信息失真，影响到信息传递效果和沟通质量。

在人际沟通互动当中，我们在认识事物环节时往往会将自身作为根本准则，忽视和自己持有不同意见的信息，甚至颠倒黑白。所以，人际认知中经常会出现不同的知觉障碍，最常见的有：第一印象、晕轮效应、刻板印象。

（1）第一印象。第一印象效应也叫首因效应、首次效应、优先效应。指的是人们在首次和某人或某物接触时留下的深刻印象，个体在社会认知环节，利用第一印象最先输入的信息会对客体今后的认知产生非常大的影响力。第一印象发挥的作用最为突出，而且持续的时间也非常长。

第一印象指的是在较短的时间范围之内用片面资料信息作为根据形成的印象。有关的心理学研究指出，和人初次见面在45秒的时间范围之内就能够形成第一印象。这一印象对人的社会认知影响非常强烈。第一印象通常是先入为主的，表示的是一种普遍主观倾向，会对今后的系列行为产生极大的影响力。

第一印象从本质上看是优先效应，在差异化的信息融合成一个整体知识，人们往往会倾向于关注前面的信息资源。哪怕是人们对接下来的信息同样有极高的重视程度，也会认为后面的信息是偶然性的，不是本质性的。人们往往会依照前面的信息解释后面的信息，哪怕是前后信息不一致，也会以前面的信息作为主要内容，以保证整体性印象和一致性印象的形成。

心理学专家曾做过这样的试验：让两位学生都做对30道题当中的一半，让第一位学生做对的题目，尽可能地出现前15题；让第二位学生做对的题，尽可能地在后15道题。接下来让被试者对两位学生进行评价和比较：这两位学生究竟谁更聪明？被测试的人大部分给出的都是第一个学生更为聪明。

第一印象主要涉及的是外部特征的相关要素，如性别、年龄、表情、姿势。通常情况下，个人的外部特征会在很大程度上体现出人的内在修养与相关个性特点，无论暴发户如何对自身进行修饰和掩饰，其举手投足间都不可能有如同世家子弟一般的优雅，都会在不经意之间露出马脚。主要是由于文化浸染，是无法通过刻意掩饰和伪装而体现出来的。不过我们也需要清楚地认识到"路遥知马力，日久见人心"，只是依靠第一印象就对人进行评价，以貌取人的话会让实际沟通效果大受影响，甚至是出现沟通失误问题。

（2）晕轮效应。晕轮效应指的是在人际互动当中人身上体现出的某一方面的特点，掩盖了其他特点，最终形成人际认知当中的障碍问题。

晕轮效应是由爱德华·桑代克在20世纪的20年代提出的，在他看来，对于人的认知判断通常只是把局部作为出发点之后，从局部进行扩散，最终得到整体印象，也就是说人们在认知判断时常常会以偏概全。一个人假如被标明是优秀的，就会被积极光环笼罩，同时被赋予所有优秀品质。假如某个人被标明是不好的，常常会被否定光环笼罩，并被赋予各种不良品质。这就如同刮风天气前月亮的周围会有月晕，只不过是月亮光亮扩大形成的。根据这样的情况，桑代克给这样的心理现象起了一个非常形象的名字，叫作晕轮效应，而我们也常常称其为光环作用。

在实际的沟通环节，晕轮效应常常影响我们对沟通对象的认知以及评判，不过该效应是一种带有明显主观性特征的心理臆测，有以偏概全的特点，其错误主要表现在以下几个方面。

第一，抓住事物个别特点，往往从个别推及一般，就如同盲人摸象一般以点带面。普希金是俄国非常有名的大文豪，而就是这样的一个著名人物也因为晕轮效应吃过苦头。普希金狂热地喜欢上娜塔莉并与之结婚。娜塔莉被称作是莫斯科第一美人，非常美貌，不过却不是和普希金志同道合之人。每当普希金将自己写好的诗读给她听的时候，她总是不想听。与之相反，娜塔莉一直要普希金和她出席一些晚会和舞会，最终导致普希金放弃了创作，借了很多外债，到了最后还为她决斗而死。也正是这样让文学巨星早早陨落。或许在普希金的思想认知当中，外表漂亮的女人也一定拥有高贵品格与非凡智慧，但是实际上并不如他所想。

第二，将并不存在内在关联的个性或外貌特点关联起来，断言拥有这样的特点一定会拥有另外的特点。有些个性品质与外貌之间并不存在密切的内在关联，但是我们常常会将这些要素关联起来看待，并且下结论说拥有这样的特点就一定会有另外的特点，最终会导致形式掩盖实质而出现判断失误。比方说外表正直优雅的人，不一定是正人君子；从表面看上去慈祥之人不一定是面和心慈之人。简单地将这些品质关联起来，最终获得的整体印象也将停留在表面。

第三，它说好就全都肯定，说坏就全部否定，这是一种极受主观偏见影响的绝对化倾向，也是一种消极倾向。我们在学习成语的过程当中常常说的爱屋及乌就是晕轮效应的一个重要表现。《韩非子·说难》当中就曾经说过一个和晕轮效应有着密切关联的故事。卫灵公宠幸弄臣弥子瑕，一次弥子瑕母亲生病了，他在知道之后就连夜偷偷坐着卫灵公的车子回到家中。依照国家的法律偷偷乘坐国君的车马是要处以刖刑的。不过卫灵公并没有依照律法对其进行处置，而是赞赏他孝顺母亲。还有一次卫灵公和弥子瑕共同游赏桃园，他摘了桃子尝了一口，觉得非常甜，于是将咬过的桃子给卫灵公尝尝，于是卫灵公夸赞他拥有爱君之心。但是之后随着年龄的增长，弥子瑕变得年老色衰，不再受到卫灵公的宠幸。卫灵公因为嫌弃他的外貌而不喜爱他其他的品格了，甚至是之前被他夸奖过的事情，现如今也成了他的欺君之罪。

（3）刻板印象。刻板印象是在沟通过程当中人们对某类人或某类事物产生的固定笼统的看法，也是我们在认知他人过程当中产生的普遍现象。像是我们经常说的"天上九头鸟，地下湖北佬"，实际上就是"刻板印象"。

物以类聚，人以群分，住在同样地点、从事同样的职业同属于某个种族之人总会拥有一些共同点，所以刻板印象通常而言还是具有一定道理的。例如：商人大多数是较为精明的；知识分子一般是文质彬彬的；山东人直爽、乐于助人；上海人灵活、善于应酬。以上这些相似的特点被概括地反映到人们的认识中，并被固定化，便形成了刻板印象。所以，在实际沟通当中必须要考虑到刻板印象会带来的影响力。比如，市场调查公司在招聘入户调查员的过程中，通常情况下会选择女性而不是男性。主要是在人的刻板印象当中，女性善良、力量单薄而且不具备攻击性，所以入户访问不会对主人带来较大的威胁。但若是男性则不具备这些优势特征，特别是身体健硕的男性，假如提出登门访问的要求，常常会被拒绝。主要是因为通过对男性的刻板印象，很容易联想到和暴力攻击相关的事物，让人们产生较强的防卫心理。

刻板印象的消极作用在于它一经形成，就很难改变，即使碰到与其相反的事实出现，人们也倾向于坚持这一观点。持有刻板印象的人在认知沟通对象时，把群体所具有的特征都附加到个体身上，也常常导致过度概括的错误。

2. 文化障碍

文化障碍是人们因为言谈举止、风俗习惯等因素的差异在彼此沟通当中出现的分歧与冲突。随着经济全球化背景的加强，人们开始将文化因素作为沟通当中特别关注的要素，正如美国的《公共关系手册》中所指出的那样：在对外关系当中出现交恶的情况，绝大多数并不是利益方面的冲突，而是文化与传统方面存在的隔阂。

3. 社会障碍

社会系统方面的沟通障碍因素很多。

（1）空间距离。发送者与接收者空间距离过远、中间环节过多，就可能使信息失真或被歪曲；传递工具不灵，通信设备落后，造成接收者不了解信息内容的思想观念；信息在传递过程中还会受到自然界各种物理噪声的干扰，加重了沟通障碍。

（2）组织结构障碍。组织结构和组织长时间形成的氛围和传统会对内部沟通成效产生极大的影响。组织结构方面的障碍问题主要有以下表现。

第一，传递层次过多导致信息失真问题产生。如果组织结构庞杂，内部层次过多，每经过一个层次，往往就会产生差异，使信息失真或流失，积累起来，便会给沟通效果带来很大影响。

第二，沟通渠道单一造成信息量不足。这种沟通中的组织障碍主要是指信息的传递基本上是单向的——上情下达。组织结构的安排不便于从下往上提建议、商讨问题，因而送到决策层的信息量明显不足。

第三，组织机构过于臃肿，导致沟通不畅，或者是沟通信息传递缓慢。组织机构设置过于臃肿，缺乏合理性，部门之间不具备清楚的责任划分和分工，会让沟通双方产生极大的心理压力，造成信息失真与信息歪曲问题，最终导致信息沟通效果大幅下降。

（3）社会角色障碍。

第一，社会地位不同造成的障碍。领导者如果官僚主义作风严重，下属就会敬而远之，由此便阻塞了上下级沟通的渠道。

第二，年龄差异造成的障碍。不同年龄的人所处的时代不同、社会环境不同，因此，不同年龄段的人的成长经历、社会阅历、生活经验相差甚远，他们的思想观点、行为习惯、人生观、价值观也有所不同。在沟通当中，年龄差异造成的障碍经常存在。

三、有效沟通实现的步骤

在工作中要完成一次有效的沟通，可以把它分为以下六个步骤。

1. 事前准备

在与他人沟通之前，要确定好沟通的目标，也就是希望通过这次沟通达成什么样的效果。之后，要根据沟通的目标去制订沟通的方案，包括信息发送的内容、方法、时间、地点，在沟通过程中可能会遇到哪些问题，应该怎样去处理等。

2. 确认需求

要想使得沟通更有效，必须知道对方的需求，这样才能做到有的放矢。积极倾听、恰当提问都是了解对方需求的有效途径。

3. 介绍观点

介绍观点就是把你的观点更好地传递给对方。在表达观点之时需要遵循的一个关键性准则是 FAB 原则。FAB 是一个英文缩写：F 是 Feature，即属性；A 是 Advantage，这里翻译成作用；B 是 Benefit，即利益。按这样的顺序介绍观点，会使你的观点更清晰、有条理，对方能够听懂、能够接受。

4. 处理异议

在沟通中，当双方观点不同时，异议就会产生。如果不能成功地说服对方，就会导致沟通的失败。

当对方提出异议时，要利用询问的方法了解沟通对象存在的真正异议点。在没有确定对方存在异议问题的重点和程度之前，直接给出回答极有可能造成更多异议。在实际问询的过程当中，对方一定会有以下几个反应：对方必须回答自身提出反对意见的理由，并表达内心的想法和看法；必须重新审视自身提出的反对意见是否恰当。此时就可以听到和了解到对方反对的真正原因是什么，进而抓住反对重点，留下更加充足的时间进行思考，探究怎样更好地处理提出的反对意见。

另外，需要在面对异议问题时拥有正确的态度。只有客观准确而又积极地进行异议的认知与分析，才能够在面对异议问题之时保证冷静和沉稳，只有在这样的心态和状态之下，才能够更好地辨别异议的真假，从异议当中了解对方的实际需求，进而将异议变成一定的契机，有效说服对方。

沟通当中常用的处理异议的技巧就是"太极法"，取自太极拳中的借力使力。基本做法是当对方提出异议时，能将对方的反对意见，直接转换成为说服他的理由。

5. 达成协议

是不是完成了沟通过程，取决于在沟通的最后是不是达成了协议，在协议达成之时需要对合作者、支持者表示感谢，对工作成果进行赞美，并对协议的达成而开展一定的庆祝活动。

6. 共同实施

在达成协议之后，需要共同依照协议当中给出的标准和要求推进实施。如果不按照协议实施，那么前面的沟通也将没有意义。

四、有效沟通的技巧——倾听

倾听是接收语言与非语言信息，明确信息含义并对信息给出反应的一个过程。经过广泛的研究与实践的总结，管理学认为在沟通过程中所花费的时间和精力的比例分别为：花在书写上的时间 9%，花在阅读上的时间 16%，花在交谈上的时间 30%，花在倾听上的时间 45%。倾听是沟通中最重要的技巧。

相传，过去有一位国王，给邻国的苏丹送了三尊外形大小以及重量都完全相同的金雕像，同时告诉他三尊雕像的价值是不同的。国王实际上是想用这几尊雕像测试苏丹和他的臣民是不是聪明的。苏丹在得到礼物之后倍感奇怪。他要求王宫当中的人找出三尊雕像存在的差别，但是大家围着雕像看了一遍又一遍，又进行了反复的检查，无法找到其中的差别。针对三尊雕像的消息快速在城中蔓延开来，老幼妇孺都知道这件事情。一个被关在牢里的穷小伙，托人告诉苏丹，只要让他看一眼金雕像就能够说出雕像间存在的差别，于是苏丹允许这个青年进入王宫。青年围着几尊金雕像，前后左右地看了一遍，发现这几座雕像的耳朵上都钻了一个眼，于是他拿起稻草穿进第一尊雕像的耳朵当中，结果稻草从雕像的嘴中出来。之后又把稻草穿进第二个雕像的耳朵当中，结果稻草从另外一只耳朵当中出来。最后把稻草穿进第三个雕像的耳朵当中，稻草被雕像吞到肚子当中没有出来。后来这个青年对苏丹说："这几座金雕像拥有和人相同的特征。第一尊金雕像就如同是一个快嘴之人，听到什么消息就要马上说出来，而这样的人是不能够依靠的，所以这个雕像不值钱。第二个雕像就像是左耳进右耳出的人，这样的人没有本事不学无术也不值钱。第三个人就如同是拥有丰富涵养之人，能够将自己知道的东西装在肚子当中，因此这个雕像是最为值钱的。"苏丹在听完青年人的回答之后异常高兴，并吩咐在各个雕像上写明其价值，又将其还给了邻国国王。在这之后苏丹将青年人从牢里放出来还将他留在自己的身边，每当遇到疑难问题和困惑之时就找青年人让他帮忙出主意。这样的故事也告诉我们，最具价值之人并非一定是最能说之人。只有善于倾听，才是每一个成熟人必须具备的品质。

1. 倾听的作用

倾听是信息接收者聚精会神，积极调动已有知识经验和情感等诸多要素，让大脑处在紧张状态之下，在收到信号之后，立即对其进行识别归类以及解码给出反应，并表示出自己的态度。聆听一番拥有活跃思想、新颖观点与含有丰富信息内容的谈话，倾听者往往会比谈话者还要更累一些。主要是因为倾听者需要积极调动个人的分析系统，在聆听的过程当中不断修正个人见解，从而让自己和说话人同步。通常情况下倾听的作用主要体现在以下几个方面。

（1）倾听是获知对方需求，了解事情真相最为简便的方法。在彼此的沟通互动当中，掌握信息是一项至关重要的内容。其中一方不单单要获知对方的目的和意图，还需要掌握这一过程当中显现出的新情况和发生的新问题。所以对话双方特别关注，要对对方情况进行归纳整理，以便获得更多信息。倾听是最为直接和便捷地获知对方需求的方法。

（2）倾听能够让人更为真实地获知对方立场观点以及态度。在实际沟通的过程当中，有些时候，谈话者会运用说话机会向对方传达错误或者是有利的信息。这就要求倾听者维持大脑清醒，结合自身拥有的情报对相关信息进行分析和研究，有效确定正确或者错误的信息，了解哪些信息是对方放的烟雾弹，进而最终获知对方的真实思想。

（3）注意倾听能够给人留下良好印象，也能够促进双方关系的优化和改善。用专注耐心的态度倾听他人说话，能够表现出倾听者特别重视讲话人的观点与想法，更容易让对方产生好感，让讲话者拥有愉悦宽松的心理，消除固执己见的情况，也更有助于达成彼此均认可的协议。

（4）倾听和谈话同样拥有较强的说服力，通常能够让人不费吹灰之力就获得意外收获与成功。

（5）通过倾听对方谈话的方式，还能够获知对方在态度方面存在的改变。在一些情况之下，对方态度已经发生了非常明显的变化，但是因为某些需要并没有用语言进行明确表现，不过我们可以透过其表达来获知其态度变化的相关情况。比方说在对话顺利与关系融洽之时，双方极有可能在彼此的称谓方面进行简化，用来表明彼此的关系非常亲密。不过如果在谈话的过程当中突然改变称呼，一本正经的称某人为先生和女士，又或者是称对方的职称或官衔，会让彼此的关系变得非常紧张，也表明着即将会出现意见分歧和沟通障碍的问题。

2. 倾听中的障碍

倾听是很困难的，有许多原因使人分散注意力。要提高倾听有效性，首先需要了解究竟哪些障碍会对倾听带来干扰，进而查找解决问题的方法和技巧。会对倾听带来影响的因素多种多样，根据来源情况可以将其划分成客观和主观障碍这两个大的种类。

（1）客观障碍。

①环境干扰。环境对个人听觉和心理有着极大的影响，环境当中的声音、味道、光线、布局等诸多要素均会对个人的注意力和感知情况带来极大的影响。假如环境十分嘈杂，存在噪声，常常会让人感觉烦躁，并且不能够集中注意力倾听，导致倾听效果大打折扣。

②信息质量低下。沟通双方在尝试着说服对方或者是影响对方的时候，并不一定一直可以提出有效信息，有些时候会有一些过激言辞或者是过度抱怨的情况。我们在实际生活当中就常常遇到充满抱怨的客户和怀有极大不满的员工。面对这样的情况，信息发送者受个人情绪的影响，常常无法给出有效信息，导致倾听效率受到极大程度的影响。造成信息质量低下的另外一个明显原因是，信息发送者不善于进行表达，或者是不具备主动表达的良好意愿。比方说在人们面对比自己地位高的人时，常常会担忧言多必失，而不愿意表达自身的观点或看法，或者是尽可能地减少说话。

（2）主观障碍。在沟通互动环节导致沟通效率低的最大原因是倾听者本身的主观因素，主要表现在以下方面。

①以自我为中心。人们在与人沟通互动和交往的过程当中，常常会把自我作为核心关注点，认为自己的观点才是对的。在实际倾听当中也会过于关注个人观点，喜欢听到和自己观点相同的意见和建议，对于他人提出的不同见解往往是忽视，进而错过了聆听他人观点和看法的机会。

②先入为主的偏见。先入为主是有很强影响力的。在倾听过程当中，对方最先提到的观点往往是有最深印象的，假如对方先提出的观点和倾听者观点完全不同的话，会让倾听者出现消极抵触的情绪状态，而没有意愿继续倾听。

③急于表达自己的观点。不少人觉得说话是表达自己和说服对方的唯一有效方法，想要拥有主动权，只能够通过说话这样的方式。受到这一思维习惯的影响，人们往往会在他人还没有说完之时，就急于打断他人的说话。如果你说北京下雨了，他们就会告诉你天津下得更大。

④心不在焉，转移话题。假如注意力不够集中，就只会分出一部分注意力在倾听方面，假如觉得他人的话过于无聊或者是让自己不自在，很有可能会变换话题，打断他人的说话思路。

⑤不受欢迎的语调。倾听者有可能结合讲话者的信息说话，或者发出更大声音，此时的语调就显得尤其关键。语调上的细微变化从接纳变成不悦，就能够改变或者打断对话。

⑥目光交流不得体。目光交流是影响对话流畅的一个重要的因素。稳固的目光有助于你和讲话者之间的沟通，而诸如转移视线、锁定、眼神飘忽不定等则会起到阻碍作用。

⑦令人不快的面部表情。没有镜子时，你看不到自己的表情，但你的对话者能看到它，而且经常对你表现出来的这些令人不快的信息作出反应。眉头紧锁、突然假笑、扬起眉头、毫无表情都会构成倾听障碍。

⑧不受欢迎的举止。不受欢迎的举止包括无精打采、坐立不安、扭动身子、把脸转向别处，这些都会引起倾听的障碍。

（3）倾听技巧。当我们了解到倾听环节当中存在着的主客观障碍问题之后，就需要积极运用有效方法克服这样的障碍，以下给出的是在实际倾听过程当中需要关注的细节问题。

①创造有助于倾听的环境，尽可能地选取安静的环境，能够让信息的发送者保持身心放松的良好状态，进而保证信息传递和倾听的有效性。

②摆出饶有兴趣的样子，保证注意力集中的状态，可以帮助你有效倾听，同时也能够让对方相信你在认真地倾听。

③尽可能地将说话时间缩短。如果是在讲话状态之下的话，你常常无法倾听到他人的良言，但是有很多人常常会忽视这样的问题。

④保持稳定平和的心态，在实际倾听过程当中针对的是信息，并不是传递信息的人，所以一定要认可自身的偏见，同时对他人的偏见也要持有容忍的态度。

⑤维持良好的耐性，避免打断对方的交谈，控制发出争论的念头。一定要注意你们在进行沟通和信息的交流，并不是在参加辩论比赛，彼此之间互不相让的争论，并不能够为沟通提供帮助，反而会带来冲突，所以要学会对自身进行控制，控制争论的冲动，并保持平和的心态和轻松的心情。

⑥避免过早给出论断。如果你在面对某个事件之时，内心当中已经给出了判断，往往就不会愿意再聆听他人的意见或建议，这样沟通也往往会被迫停止。

⑦不能以自我为中心。在实际沟通环节只有将个人的注意力放在对方方面才可以有效倾听，但是不少人没有认识到自己的问题，往往会把关注点放在他人身上，过度以自我为中心而忽略他人，这样不仅会导致倾听混乱问题的出现，还极有可能产生很大的矛盾和冲突。

⑧随时记好笔记。做笔记这样的方法不仅能够帮助倾听，还能够集中话题让对方感受到备受重视。

⑨弄清别人在语音、语调上表达出来的真正用意。

⑩倾听中要适时择机来提出让对方感兴趣的问题。假如提问的机会选择不够

恰当，极有可能造成沟通中断的问题，或者是不能够导致沟通目标的达成。与此同时，还有可能让对方出现过于反感的情绪，因此在提问的过程当中必须要做到谨小慎微。不管什么事都有其特定的适用范围，假如超出范围极有可能导致事情变质。提问也是如此，假如提问超出限度，极有可能引起对方的反感情绪，还会对沟通质量产生极大的影响，因此在实际提问的过程当中，一定要掌握下面几个技巧：

a. 提问内容适度。提问必须要根据对方谈话内容来提问，确保提问内容具有针对性。提出的全部问题都需要围绕谈话主题来提出，假如问题和主题内容没有关联或者是关联不大，对方会觉得你提出这样的问题，是因为没有认真聆听而导致的，进而会导致沟通效果大打折扣。

b. 提问数量适度。提问数量不能够过多，假如提出的问题数量过多会让对方产生疲劳感。同时问题也不能过少，假如没有提出几个问题，对方就无法获得有关的反馈，进而对你的倾听态度和倾听成果产生怀疑的情绪。

c. 提问速度适度。提问速度也是影响沟通效果的一个重要因素，假如速度很快，对方极有可能无法听清提出的问题，也来不及针对问题给出相应的反馈。假如提问的速度非常慢，会让对方产生不耐烦的情绪，丧失沟通的兴趣和动力。所以提问速度要进行有效把控，既要确保可以让对方听清提出的问题，又要做到有根据和有针对性地调整，让沟通对象有较高的舒适度。

d. 提问语气适度。提问过程当中选用的语气是否恰当，也会对沟通效果产生很大的影响。利用语气的轻重缓急，可以将当时的心情和感受表达出来，在无形之中也会传递很多信息。因此在提问的过程当中一定要注意语气，确保语气和要表达的内容相符，从而提高提问的有效性。

e. 提问方式适度。通常情况下提问有开放式和封闭式提问这两种方式。提问时要依据提问的目的来选择合适的提问方式。如果你想得到关于某一问题的更多的信息，使用开放式提问；如果你只是想得到一个是或者否的答案，使用封闭式提问；当然也可以将二者结合起来进行应用，有效发挥两种不同提问方式的价值和共同优势，并做到取长补短和扬长避短。

第四章　户外拓展训练的团队沟通

第一节　户外拓展训练的团队

一、团队概述

1. 团队建设的概念

团队建设主要是利用自我管理的小组来推进实施的，各个小组是由一组员工构成的，担当全部工作过程或者部分工作。工作小组成员共同改进相关的操作流程或者产品制作，用来对实际工作进行有效的计划与把控，处理好实际工作当中的问题，甚至是探究公司当中更广泛的问题。

团队建设的过程必须是有效沟通的一个过程。在整个过程当中不管是参与者还是推进者，都会彼此信赖和对彼此坦诚，有意愿探究影响小组发挥的问题与要素，以便促进小组的发展与进步。

2. 团队建设的方法与技巧

团队建设是推动事业创新进步的有效保障，而团队运作也是诸多业内人士在长期实践工作当中归纳获得的经验，迄今为止没有一个人能够在团队外收获成功。团队发展进步与团队建设存在着密不可分的关系，可以说团队建设在其中起到决定性作用，所以团队建设需要从以下几个方面着手。

1）组建核心层

团队建设重点是对团队的核心成员进行积极培育。正所谓一个好汉三个帮，领导人是团队的重要建设者，应该利用组建智囊团或者执行团的方式，建立系统完善的团队核心层次，以便最大化地发挥核心成员的积极作用，让团队目标变成行动计划，推动团队业绩水平的迅速提升。团队核心层成员应该拥有作为领导者的基本素质以及能力，不仅仅要获知团队发展的相关规划，还需要参与到团队目标的制定以及落实环节，促使整个团队当中的所有成员都能够掌握团队发展进步的方向，又能够在实际行动以及方向方面和团队高度一致，同心同德，通过团队整体力量的发挥，促进问题的解决和困难的克服。

2）制定团队目标

团队目标的来源是公司发展方向以及广大成员的共同追求。团队目标是所有成员努力奋斗的动力以及方向所在，同时也能够有效感召各个成员通力协作，共同为整体目标的达成不懈努力。核心层成员在设定团队目标之时需要明确团队当前的实际发展情况，比方说了解团队所处的发展时期，此时是团队的初始组建阶段还是正处在上升期，抑或是处在稳定发展的阶段。团队当中的成员存在哪些缺陷和不足，要得到哪些方面的帮助与支持等。在对团队目标进行合理设置时，需要严格遵照 SMART 原则：S——明确性，M——可衡量性，A——可接受性，R——实际性，T——时限性。

3）训练团队精英

训练团队精英是在建设团队的过程当中至关重要的环节，而且团队建设的效果会直接影响到团队的运行。打造一支综合素质过硬和能力结构完善的队伍，可以让团队享受到来自多个方面的益处：提高个人素质能力，提升工作效率质量，获得良好工作业绩等。假如一个团队不存在精英，那么这个团队就如同是无源之水和无本之木。一般一个没有经过训练和打磨的团队就像是一盘散沙，是无法长久维持繁荣发展局面的。

要对团队精英进行有效训练必须做到有的放矢，具体要把握以下两个重点内容：第一个重点内容是打造学习型组织。要让每一个人都能够切实意识到学习的重要价值，尽可能地给团队当中的各个成员提供学习的机会与平台，对他们在学习当中进步飞快的成员给予赞赏和鼓励，并利用沟通、组织讨论会、开展培训活动等多元化的方法，打造良好的学习氛围，让团队当中的成员在学习以及训练当中收获更大的成长，并且成为真正意义上的精英。第二个重点内容是要建设成长平台。团队精英的出现以及有效的发展与其所处平台存在着直接的关联，良好的平台可以打造优良的成长与发展环境，提供多种多样的锻炼机会以及展示聪明才智的机会。

4）培育团队精神

团队精神是团队各个成员为团队利益与目标的达成而同力协作，付出全力的意愿与作风，涵盖团队凝聚力、合作观念和团队士气等诸多要素。团队精神把关注点放在了内部成员密切协作方面。要培育团队精神，首先整个团队的领导者必须发挥自身的榜样作用，在处理各项事务时都要坚持以身作则，成为拥有强大团队精神的楷模和榜样。其次要在团队培训活动当中强化团队精神的教育工作，强化这样的思想。最为关键和必要的方法是要把这样的理念贯彻到团队工作实践当中，成为各项实际行动的根本指导与核心准则。缺乏团队精神之人是无法成为真正意义上的领导者的，假如一个团队不具备团队精神，那么这个队伍都是无法经历考验的。可以说，团队精神是每一个优秀团队的灵魂，更是一个成功团队必须具备的特质。

5）做好团队激励

各个团队成员都是要得到激励的，团队领导者激励工作质量的高低会对团队士气产生直接影响，最终也会对团队的发展产生极大的影响。激励是借助一定手段让成员的实际需求得到满足，进而激发他们的热情，让各个成员主动挖掘个人潜能，确保目标的达成。直销事业存在的一个显著管理特征就是运用激励替代传统的命令，可以选用的激励方法多种多样，比方说树立榜样法、表扬赞赏法、举办庆祝活动法、旅游法等。

3. 团队建设的重要性

团队建设水平的高低，反映着企业是否拥有后续发展以及持续性进步的实力，同时还是企业凝聚力水平以及战斗力水平的重要体现。团队建设先要把班子建设作为重要基础和前提条件，要确保班子彼此亲密协作、团结一致，管理人员心目当中要一直装着广大员工，关心关注员工的生活和工作，用管理者的行动与情感感染，员工在日常的工作与生活当中多和员工进行沟通互动，给他们提供榜样指导和示范指引，同时注意发现员工身上的闪光点，调动广大员工的热情和创造力，更为关键的是要保证管理者沉下身和员工成为一个整合体，赋予员工参与管理的机会和展示个人聪明才智的平台，进而打造良好的团队协作环境，让广大员工感受到如同家庭一般的温暖。在整个家庭当中倡导成员的分工，但是不分家，坚持有福同享、有难共担，个人之事是团队之事，团队之事是所有人的事。对待人和事都要秉持认真负责的原则，只有做到了这些才能够真正建设一个优秀团队，并更好地发挥团队力量。

4. 团队的四大特征

1）凝聚力

我们跟随某个领导者是希望这个领导者可以创造一个优良的环境，能够把所有人的力量集结起来，共同创造一个光明未来。正是基于这样的凝聚力，才让人类的历史被创造，并且不断地向前发展。假如团队的成员都纷纷远离你，甚至由于你的言行举止让他们倍感失望，失去追求事业的决心和勇气，你还会收获成功吗？

2）合作

大海是由无数的水滴形成的，可以说每一个人都是这个团队海洋当中的点点水滴。在我们如今生活的新世纪，个人是无法匹敌团队的。个人的成功只是暂时的，团队成功才是永恒的。就拿直销团队来说，团队成功依靠的是其中各个成员的密切配合以及团结协作。就像是打篮球也一样，个人拥有的能力再大，如果没有队友配合，也是不能够获得成功的。在比赛的过程当中，5个人形成了一个团体，有的人抢篮板，有的人投球，其最终目的都是要保证团队整体目标的达成。

3）组织无我

团队户外拓展训练活动是团队以及集体的训练活动，个人的力量是非常有限的，只是发挥个人力量的作用是不能够达到良好效果的。要想收获成功，必须依靠整个团队的力量，而且整个团队当中的各个成员必须清楚地认识到团队的利益与目标，要始终将团队利益放在首位，而不能够过度关注自己。假如在一个团队当中，每一个人都只是想要实现个人利益，那么这个组织也一定会走向崩溃，没有了团队那么个人的目标也无法达成。团队行动应听从领导安排，这样才能够让事情的处理变得简单，这也是我们所说的组织无我的境界。团队目标就是依靠组织无我这样的精神来推动并达成的。

4）士气

假如一个团队没有任何士气，那么这个团队也会失去凝聚力以及战斗力，拥有旺盛士气的团队，不管是在怎样的环境之下，不管遇到哪些困难都会无往不胜。刘邓大军挺进中原，狭路相逢勇者胜就是最佳例证，也正是因为这样的士气让原本不可能的事件成为可能，也为我国解放战争开启了全新篇章。

二、团队精神

如果简单定义团队精神，可以说团队精神是大局观念、协作与服务精神的集中表现。团队精神的根基是对个人的兴趣以及成就进行充分的尊重，核心内容在于团结协作，而最高境界是所有成员拥有极强的凝聚力以及向心力，把个人与整体的利益进行统一，实现整个团队的高效运作。团队精神的打造并不是一味强调成员牺牲自己，相反的是要让他们充分展现自身的个性和特长，这样才有助于成员共同促进目标的达成。不具备良好的奉献精神，也就不会拥有团队精神。

团队精神和群体主义以及集体主义究竟有怎样的不同呢？团队精神更为关注的是要发挥个人的主动性以及积极性，因为团队是员工以及管理者共同构成的统一体，这个共同体有效运用各个成员的知识技能进行协同工作，突破困难与问题，达成共同目标。集体主义把关注点放在了集体共同性方面。团队和群体的差异主要体现在以下几个方面。

（1）领导方面。群体需要具备明确领导人，但是团队则是不同的，特别是在团队发展到了一个非常成熟的阶段，各个成员都可以成为团队的领导人，所有成员共享团队的决策权。

（2）目标方面。群体目标一定要确保和组织高度一致，不过团队当中除了要有团队一致目标之外，还允许个人目标的存在。

（3）协作方面。群体协作性大致是中等水平的，有些时候成员会有消极甚至是对立的情绪存在，不过团队当中是齐心协力的良好氛围。

（4）责任方面。群体领导人需要担负极大的责任，但是团队当中除了领导人要负责外，还需要各个成员共同负责，发挥彼此相辅相成的积极作用。

（5）技能方面。群体成员技能有可能相同，也有可能是各不相同的，但是团队当中各个成员的知识技能是彼此补充的，将拥有差异化知识技能以及实践经验的人联系成一个整体，打造一个角色互补和团队协作的良好整体。

（6）结果方面。群体绩效是个体绩效的总和，但是团队的绩效是团队中所有成员一同合作所完成的产品或者得到的成果。

三、团队的有效沟通

作为一个团队、一个公司，做到高效地沟通是至关重要的。沟通是确保信息有效传达的关键性策略，只有借助沟通这样的方式才能够让信息在部门间、在员工间进行有效传递。工作的推进实施在极大程度上是利用上下层层沟通的方式得以顺利开展的。所以企业需要持续不断地检查自己的沟通是否有效。那么管理层应该怎样帮助整个团队实现有效沟通呢？

1）让倾听者对沟通产生反馈行为

沟通的过程当中存在着的最大障碍是员工误解问题，或者是员工不能够准确理解管理者的意图。在我们的实际工作中经常会遇到以下现象：管理者在给下属布置有关工作任务时，常常说得口沫喷飞，其结果是下属在落实相关工作时变形或者是和上级的期望有很大的差异。这样情况的产生，实际上表明的是上下级间有着沟通方面的障碍，上级并未有效传达自身的意图，而下级也没有充分准确地理解上级的意图。这样的沟通问题可以借助有效方法予以解决，而且是完全能够有效避免的。假如管理者在和下级沟通互动的过程中，在沟通完成之后加上一句：你明白我的意思了吗？这样就可以利用双向沟通互动的方式，让下级更加准确地获知上级的含义，纠正他们在思想认知方面存在的偏差。

2）沟通要有多变性

在一个组织当中，各个员工因为其在年龄、性别、受教育程度、专业度、分工、岗位等方面存在很大的差异，所以这些人在面对共同的话语、文件等内容知识会存在着差异显著的理解，正所谓仁者见仁，智者见智。拥有不同阅历的人，思考问题选取的角度和战友的立场也有着很大的差异。就像人们所说的行话，不在这一行的人是无法理解其含义的，更不用说要融入到这个群体当中。从这一角度来看，沟通有效性的提高要讲求语言应用过程中的方式和方法，应该适当转变沟通方式，运用多样性的语言使得沟通者与不同之人有效对话，实现深层次的互动，达到沟通顺畅的目标。因此，要让沟通有很强的时效性，在利用语言的过程中需要讲求语言艺术，保证词语搭配恰当，只有运用这样的方法才能够让语言的理解有效性大幅提高，从而确保沟通质量。

3）学会积极倾听，做忠实的听众

沟通是一项双向互动的行动，沟通互动的双方要分别善于表达与倾听，只有利用彼此之间的沟通、倾听、反馈以及这样的循环往复，才可以了解沟通主题，找寻沟通当中问题的解决方法。沟通是互动的过程，只有确保沟通双方密切配合，才能够确保沟通目标的达成。

4）做好沟通前的准备工作

在沟通前先要做好相关的准备工作，而这个准备工作实际上就是要对沟通内容进行有效确定。没有在沟通前完善，可能造成实际沟通当中出现东扯西扯的问题，既会浪费彼此的时间，又会影响到实际问题的解决。所以，要实现有效沟通，必须要拥有清楚明白的沟通主线与主题。需要事先列好沟通提纲，明确先讲和后讲的内容，对各项沟通内容做到心中有数。与此同时，要注意讲求沟通艺术，比方说管理者在和下属沟通与工作相关的事项时，先要关注人的心理承受力，肯定其在实际工作当中获得的成绩以及闪光点，接下来再指出他们存在的不足以及需要改进的内容。

5）注意减少沟通的层级

由于信息传递者参与的数量越多，导致信息失真的可能性越大，所以要进行沟通互动的双方最好选用的是面对面交谈的方法，只有这样才能够确保信息进行及时有效的传递，确保沟通目标的达成。

有效沟通有助于消除人际互动当中的矛盾与冲突，促进人与人之间的有效交流与互动，促使广大员工在情感方面彼此依靠，并在价值理念方面实现统一，为团队当中建立优良的人际关系，创造良好条件，因此企业要积极运用多种多样的沟通方法。

四、团队的激励

1. 团队激励的介绍

团队激励指的是组织利用设置外部奖酬与工作环境，用一定行为规范与惩罚措施，利用信息沟通来调动引导与规划组织成员行为，用来实现组织与成员目标的一项系统性活动。在这样一个完整的定义当中，包括下面几项核心内容。

（1）激励的出发点是要满足成员的合理性需求，也就是运用设计外部奖酬以及提供优质工作环境的方式，让员工的外在以及内在需要得到有效满足。

（2）科学化的激励要将奖惩工作落到实处，坚持奖惩并举，既要对员工的积极行为进行奖励，又要惩罚错误行为。

（3）将激励贯穿员工工作的整个过程，在整个过程当中涵盖对员工个人需求的了解、个性把握、行为控制、结果评价等要素。所以激励工作的推进实施必须要有很强的耐心，才能够强化激励效果。

（4）信息沟通要贯穿激励工作的全过程，从宣传激励制度到了解员工的实际情况，再到对员工行为的把控与评价都要借助信息沟通这样的方式。企业组织当中信息沟通是否顺畅准确和全面有效，将会直接影响激励制度的运行效果以及开展激励工作的成本耗费。

（5）激励的最终目标是要在落实预期目标的同时，让组织成员的个人目标得以顺利实现，最终确保个人与组织目标的统一。

激励是提高整个团队士气，并且获得良好绩效水平的动力所在。团队成员有以下几种不同的类型，即：能力高、意愿低；能力高、意愿高；能力低、意愿低；能力低、意愿高。

面对类型不一样的员工，必须选用针对性强的激励方法来调动广大员工的工作热情，以便获得更为理想的激励效果。

想要有的放矢地激励成员，就要掌握各个成员的工作动机。具体可以运用以下方法了解团队成员的工作动机情况。

（1）观察工作。领导在实际的巡视与检查过程当中，需要观察和分析究竟是什么让成员有意愿，或者是不愿意努力工作，了解他们究竟更加倾向于怎样的工作方法。

（2）建立团队成员中心小组用来调查和了解他们渴望从实际工作当中要获得的内容，这和调查成员满意度的情况非常相似。

（3）培育成员特技。各个成员均有其独特性和闪光点，需要对他们身上的闪光点进行有效的挖掘，进而把这样的优势培养起来，让成员成为真正意义上的专家。

（4）和团队当中的各个成员开展真诚的沟通，从而准确获知他们厌恶的内容和不愿意与团队成员进行密切合作的原因。

（5）鼓励成员描绘理想团队环境。比方说在和下属开会时引导大家表达自己期望的职位，想和怎样的人一同工作。人们对理想的追求正好能够体现出他们的职业倾向情况，也正是因为这样他们也需要得到领导方面的密切支持与帮助。

（6）领导应该常常四处走动，避免一直待在自己的一片天地里。主动管理和主动了解，能够更好地发现团队成员的真正诉求，并满足他们的合理诉求。

2. 激励的方式

1）奖励激励

奖励激励乍听起来要比威胁激励好得多，实际上就是将几种不同的奖励方法体现在成员之间，谁能够做到就能够获得这样的奖励。奖励激励在促使员工达成目标方面有着积极促进的作用。

不过奖励激励也是有很大局限性的，主要表现为在取消奖励之后，想要让员工多做一点事情，通常是非常难的，会导致成员出现较为严重的依赖心理。

2）威胁激励

在国外的很多企业要实施大裁员时，常常会利用威胁激励这样的方法。在合格员工数量多但是工作机会很少的情形之下，常常会广泛应用威胁激励这样的方法。

威胁激励在一定时期当中是能够获得显著效果的，而且也能够实实在在地推动劳动生产力的提高。不过要经常利用威胁激励的方法，会让人们的安全感大幅降低。他们会思考自己可以在公司当中生存多久，会不会将个人职业生涯与企业联系在一起。如果非常频繁和过度地应用，这样的激励方法极有可能造成后方不稳问题的产生，所以更为关键的是要在适当环境恰当运用这样的激励方法。

3）个人发展激励

最佳的激励方法是针对个人发展给予有效激励，而这样的激励策略也是从长远角度出发，为公司持续性发展考虑的做法。个人发展激励把员工追求自我发展的目标和公司整体目标进行有效融合，能够最大化地刺激员工迸发内在潜能，提高他们的综合工作能力和工作效率。

在实际工作当中最为关键和必不可少的要素是工作动机，领导者一定要清楚获知员工的动机情况，只有这样才能够运用恰当的方法对员工进行有效激励。

不管是哪个员工在差异化的发展阶段，均有不一样的动机存在。比方说在初步工作时期会将钱作为重要动机，因此渴望得到拥有较高报酬的工作。当有了五六年的积累，并且拥有一定积蓄之后，这个时候员工的追求就发生了变化，而是渴望推动自身的成长与发展。不同的人在差异化阶段拥有的动机也各不相同，因此运用的激励方法也需要进行一定的变化。薪资福利以及工作并不是他们工作动机的全部内容，更深层次的动机还涉及环境、培训、发展机遇、工作兴趣等众多要素。

3. 激励的基本原则

1）目标结合原则

在激励机制的建设过程当中，目标设计是关键。目标设计要共同体现组织目标以及员工需求。

2）物质激励和精神激励相结合的原则

物质激励是基础，而精神激励则是根本所在，只有促进二者的有效整合才能够实现激励目标，而且要逐渐从物质激励过渡到精神层次。

3）引导性原则

外部的激励方案只有在转化成为被激励者的自觉意愿之后，才可以获得理想的效果，所以引导性原则是激励的内在诉求。

4）合理性原则

合理性的激励主要包含两个方面的含义：第一个方面是要确保激励措施适度，特别是要结合实现目标的价值大小，确定激励力量；第二个方面是要做到奖惩公平公正。

5）明确性原则

激励明确性原则需要特别注意，把控以下三个要点：第一个要点是要明确，也就是要有明确的激励目的，知道要做什么和怎样做。第二个要点是要做到公开，尤其是在面对和处理广大员工普遍关注的问题之时，更是要做到公正公开。第三个要点是要直观。不管是进行物质还是精神方面的奖励，都要直观表达得到激励的指标是怎样的，指出奖惩的方法和相关标准，以便让广大员工产生积极的心理效应。

6）时效性原则

在激励方法的使用过程当中要掌握时机，因为雪中送炭以及雨后送伞所发挥的作用是有很大差异的，激励及时能够让人们的热情达到高潮，也能够更好地发挥人们的创造力以及主动性，进而获得良好的激励效果。

7）正激励与负激励相结合的原则

正激励是对员工符合组织目标的行为实施奖励，而负激励则是对他们违背目标的行为实施惩罚。不管是哪一种激励方式都是非常必要的，不仅会对当事人产生极大的影响，还会影响到其他人。

8）按需激励原则

激励的目的是让员工的实际需求得到有效满足，不过员工需求是有很大差异的，只有让他们的最迫切需求得到满足，才能够产生良好的效果，才能够得到较大的激励强度。所以领导者要深层次地开展调查研究工作，掌握员工的需求层次与结构，了解他们在需求方面存在的变化特征，以便提升激励方案的针对性，更好地发挥激励作用。

4. 人员的激励方式

在一个完整的团队当中，有以下几种不同类型的员工要得到有效激励，而且在面对不同类型的员工时，选用的激励方法需要因人而异。

1）效率型员工激励方法

①对他们的目标给予支持，并赞赏他们的工作效率；

②在能力方面超过这些员工并让他们心悦诚服；

③帮助员工获得和谐良好的人际关系；

④让他们在工作实践当中弥补个人的缺陷与不足，避免对其进行严厉的苛责；

⑤不能够让效率低下和处理工作时不够果决坚定的人拖这些员工的后腿；

⑥容忍这些员工不请自来；

⑦合理安排员工的实际工作，让他们感到这些工作是自己安排处理的；

⑧不能尝试着告诉他们怎样做相关工作；

⑨抱怨他人不能干这些工作之时，询问其想法和观点。

2）关系型员工激励方法

①表明对他们私人生活的兴趣，给他们以充分的尊重与理解；

②在和他们沟通互动时，讲求技巧，让其感受到自身受到尊重；

③因为这类员工责任心不足，所以需要承诺给他们负一定责任；

④给予他们充分的安全感；

⑤提供机会让他们与他人分享自身的感受与想法；

⑥不能让他们有受拒绝的感受，消除他们内心当中的不安情绪；

⑦将关系当作是团体的重要利益，以便得到他们的认可和积极配合；

⑧在安排相关工作的过程当中，要特别指出工作的重要作用，指明不能完成相关工作会带来的不良影响，促使他们努力拼搏。

3）智力型员工激励方法

①对他们的思考与思维能力给予充分的肯定，同时认可他们给出的智力分析；

②提醒他们在达成目标的过程当中不能过度追求完美；

③不能运用直接批评的方法，而是要指明思路，让他们认为是自己通过反思发现的错误与问题；

④避免用突袭的方法对他们进行打搅；

⑤加强对诚意的表达；

⑥这类员工非常青睐于事实，因此拥有的知识技能应和他们一样多或更多；

⑦不能指望完全说服他们；

⑧赞赏他们的发现以及成果，他们苦想冥思获得的结论，不希望被他人泼冷水。

4）工兵型员工的激励方法

①给予他们的工作以充分支持，这是因为他们在完成各项工作的过程中谨小慎微，不会有大错；

②给予他们相当报酬，并激励他们在实际工作当中勤勉肯干；

③提高管理规范性；

④给他们出主意和想办法。

5. 激励的十大法则

1）以自身激励来激励他人

除了你自己能够处处以身作则，拥有强大的热情，能够发挥模范带头作用，不然的话是不能够激励他人的。你的情绪态度会直接影响与你共事的员工，假如你情绪状态非常低落，那么你的员工也会受到影响而丧失工作动力。如果你面对各项工作持有满腔热情，那么你的员工也会活力满满。

想要消除对下属带来的负面影响，就要做好情感的把控，将消极的情绪与心理隐藏起来，展现出积极态度与心理，将热情投入到实际工作当中。因个人问题而出现情绪低落情况的时候，为了避免将这样的状态扩散到团队当中，作者给出的建议是为自己安排须独立完成的工作，这样下属在看到你能够严谨认真做事之时，就不会发生频频打扰的情况。

2）激励需要一个目标

除非世人知道他身处何地，不然是不能够准确获知要朝着怎样的方向进步的。人只有在明确努力的目标之后，才会产生实现目标的积极意愿，才有可能得到激励。

3）激励分为两个阶段

激励可以划分成两个重要阶段，第一个阶段是找到和团体目标密切相关的个人目标，第二个阶段是向其展示怎样促进目标的达成。其中的关键点是要找到个人目标。管理者的个人目标是要激励下属，以便促进团队目标的达成。

4）激励机制一旦设立，永不放弃

这个真理是被很多经理忽视的内容，在他们看来只要在开始时期对员工进行了激励，那么员工就会永远受激励，事实并非如此。伴随时间推移，激励水平会显著降低，通常情况下会在 3~6 个月的时间内降为 0。在认识到这样的情况之后就要通过相关的活动与方法，持续性地将激励灌注到团队当中，促进激励机制的持续运行。

5）激励需要认可

根据马斯洛的需求层次，一旦基本需求得到满足，对社会认可的需求就会提高。事实上，心理学家已经发现，人为了得到公众的认可甚至比为了金钱付出的多得多。人们希望得到公认，而且在得到肯定之后，一定是要明朗快速而又公正公开地被认可。

认可的授予一定是要给予某一种结果，而不是某种努力。必须避免授予员工"好员工"或"企业最有贡献奖"（过于宽泛的称号），这样的"公认"将在被授予者和其他人的眼里"贬值"。

6）参与激励

参与特殊团队或项目会产生极高的激励效果。对某一事业不断奋斗的团队，也会忠于团队，并促进团队目标的达成。

7）看到自身的进步能够激励人

看到个人朝着目标前进过程当中收获的进步与成长，人们会得到极高的激励。事实上我们在成长和发展的过程当中，都想要看自己能够做到怎样的程度，看到自己在整个过程当中收获了进步与成长，就会获得良好的成功体验，而未来的成功也会建立在这个体验的基础之上。

8）只有人人都有优胜的可能，竞争才能激励员工

竞争广泛应用在激励环节，但并非每人都可以平等得到成功机会，只有在每个人都能够获得这样的机会之时，才能够发挥作用。否则，竞争可以形成对优秀

员工的良好记忆力，但是会让其他的员工产生动力不足的情况。这个问题可以通过依据目标百分比来测量竞争绩效而避免。当进行竞争时，许多组织将目标定为绝对目标，比方说销售竞争获奖者有可能是在销售期当中销售数额最大的员工。这对于一个新组建的团队来说很有可能会让人们的动力下降，这是因为和优胜者对比，新加入队伍的员工会认为优胜者一直会获胜，因此与这些人进行竞争是没有意义的。相反，假如优胜者是那些对销售目标来说超出额最大的销售者，那么每一个人都有可能得到胜利，这是因为新手目标和优秀销售员的目标也相对较低，这样他们都会有强大的竞争动力，力求赶超目标夺得优胜。

9）每一个人的身上都存在激励的火花

与通常的信念（和观察）相反，每个人身上都存在一个激励的火花。每个人都能得到激励，一些人可能比其他人更容易被激励，但是火花在哪儿，是不得不寻找并进行培育，再将其贯彻到方案中的，在团队各成员之中寻找火花，现如今已经成了落实激励的一个重要措施和关键性的实践活动。

10）"团队归属"激励

作为整个团队当中的一个构成部分，一定会为了团队目标的实现而不懈努力，当然这有一个前提条件，那就是对团队目标有很高的向往。

五、高效团队的特征

1. 清晰的目标

高效团队面对目标有清楚的认知和理解，同时也始终坚信目标当中包含极大的意义与价值。所以这样的目标重要性还能够有效激励团队当中的各个成员，将个人目标升华到团队层次以促进团队整体目标的实现。在一个高效团队当中，各个成员都有意愿为团队目标的达成做出努力和承诺，也能够清醒地认识到团队的发展，需要成员做的事情以及怎样才能够共同担当达成目标。

2. 相互的信任

成员之间彼此信任和彼此支持是有效团队的一个非常明显的特点，换句话说，各个成员均对团队当中其他成员的能力与品行深信不疑。我们通过日常生活当中人际关系的处理，可以清楚地了解到信任是非常脆弱的。要培养起信任，要耗费大量时间，与此同时这个信任又特别容易遭到破坏。只有信任他人才可以得到他人的信任，如果不信赖对方，最终也会造成彼此之间的不信赖。因此要让团队内部有互相信任与彼此支持的情感，才能够让团队更加稳固。

3. 相关的技能

高效团队是由一群拥有极高能力的成员共同构成的，这些成员拥有实现团队目标必不可少的技术与能力，而且彼此间有良好的合作品质，可以出色完成个人任务，最终促进整个团队任务的实现。合作能力是一项至关重要的技能，不过在实际生活当中却被人们忽略。拥有高超技术水平之人，并非就拥有能够有效处理群体关系的技巧与方法，但是高校团队当中的成员往往二者都具备。

4. 一致的承诺

高效团队成员在面对团队的过程当中，显现出极高的忠诚度以及承诺的一致性，为了让整个团队收获成功，各个成员愿意做所有的事情，愿意竭尽所能和各尽其能。我们可以将这样的奉献和忠诚精神称为一致承诺。通过对成功团队进行深层次和多角度的研究，发现团队成员对团队群体有着极高的认同感，这些成员还将自己当作是这个群体当中的一部分，而当作是个人成绩的一个重要方面。所以承诺一致的特点是对整个群体以及群体目标的实现，拥有极高的奉献精神，并且愿意为目标的达成调动自身的积极性和挖掘自身的内在潜力。

5. 良好的沟通

良好的沟通，是高效团队不可或缺的一个优良特征。群体当中的各个成员利用顺畅的渠道进行信息的沟通交互，包含语言与非语言的沟通和管理者与成员间的信息反馈都是良好的沟通必不可少的特点。这些良好的沟通行动有利于管理者对团队成员的实际行动进行有效指导，从而消除彼此之间的误会。就如同是已经共同生活很长时间，建立了深厚感情基础的夫妻一般，高效团队当中的各个成员，可以快速准确地获知彼此的情感与想法。

6. 谈判技能

将个体作为重要基础设计相关工作时，员工角色由工作说明、纪律、程序和其他文件进行明确规定与说明。不过就高效团队而言，内部成员当中的各个角色拥有极强的灵活性和多变性特征，一直处在持续不断地调整和变化的过程当中。这就要求成员拥有极高的谈判技能。因为一个团队当中显现出来的问题和存在的关系会灵活地发生改变，所以各个成员一定要善于处理这样的情况，掌握高超的谈判技巧。

7. 恰当的领导

有效的领导者可以让整个团队对自己不离不弃，并跟随自己度过艰难时期，逐步走向成功。这是因为这样的领导者，可以给整个团队指明前途，也能够为广大成员说明创新变革的可能性以及重要性调动各个成员的信心和热情，让他们可以更加充分地获知个人的内在潜能。优秀的领导者不一定非要进行指示，或者是对整个团队进行控制，他们通常情况下担当的是教练以及坚实后盾的角色，负责对整个团队的发展提供必要的支持与指导，而不是想要去完全控制这个团队。对于拥有传统管理思想的管理者来说，从上层到后盾的变化就是从一个发号施令者到一个服务团队者的变化，认为这样的变化是极为困难的。现如今已经有越来越多的管理者意识到传统管理方法存在的不足，看到这一新型的管理与权力共享方法的优势作用或者是一些管理者在经过领导培训之后，开始意识到经营管理的价值。不过现实生活当中仍旧存在习惯专制管理的人，而这部分人应该尽快地转变观念，不然会很快被取代。

8. 内部和外部的支持

要想建成高效团队，最后一个必不可少的条件就是支持环境，这样的支持环境有内部和外部环境之分。就内部环境而言，团队需要拥有一个科学恰当的基础结构，这个结构当中特别需要包含适当的培训、有效的绩效测量系统以及能够有效发挥支撑作用的人力资源体系。在有了这样的基础结构之后，就可以起到对成员行为的支持和增强作用，促进整个团队获得极高的绩效。就外部条件而言，管理者需要为整个团队提供保证工作目标达成必不可少的资源。

六、团队角色领导

1. 团队中的八种角色

在一个团队当中，各个成员发挥的作用与扮演的角色都是有很大差别的，换句话说，团队是由各种不同角色构成的。

《西游记》是我们耳熟能详的四大名著之一，讲述的是师徒四人去往西天拜佛求经的故事，相信大家都非常熟悉，也有不少人会被整个团队当中四个拥有差异化个性和兴趣的人感染，也会引起人们的思考，为什么四个人在各方面都有这么大的差异，仍然可以在同样的一个群体当中融洽相处，并一块儿求取真经？难道是菩萨神灵的旨意，并不是他们通过努力而达到目标的吗？

事实上这四个人在一个团队当中扮演了各不相同的角色。唐僧发挥着凝聚以及完善的作用,悟空发挥着创新与推动性的作用,猪八戒发挥着信息以及监督作用,而沙僧则发挥着实干以及协调作用。虽然他们扮演的角色不相同,但是发挥了各自的优势,扮演好了自己的角色。

由多种不同角色构建而成的团队,虽会在团队运转当中出现矛盾和分歧,但是因为他们拥有着同样的理想与目标,所以能够让他们最终消除矛盾和分歧,最终踏上西天取经路,并且最终求取真经。在关键之时,师徒四人一直是彼此理解以及团结合作的,因而整个团队是一个有力量、有目标的团队。

公司就是一个极大的团队,整个团队当中所拥有的角色多种多样,而且各不相同。一项国际研究结果显示,一个团队当中通常有八种各不相同的角色,主要为实干者、协调者、推进者、创新者、信息者、监督者、凝聚者、完善者。

在一个完整的团队当中,拥有了创新者,能够为团队的发展和未来建设带来创新动力,让整个团队可以积极吸收新要素而不断地向前发展。团队当中有了监督者能够让整个团队的规则得到有效维护,促使成员之间有序沟通,也能够有效监督管理是否恰当。完善者的挑剔可以让各项工作完成得尽善尽美。通过对以上八种角色进行多角度的分析,可以发现各个角色所发挥的作用是各不相同的,他们所开展的工作共同助推着整个团队趋于完美和走向成功。

2. 团队成员各角色优缺点分析

1)实干者

实干者对涌现的新事物常常是没有兴趣的,甚至会抗拒新事物。他们在面对喜欢新事物的人时,往往保持看不惯的心态,所以通常情况下会水火不相容。实干者满足一个人的生活环境,不会主动寻求改变,所以常常会让人觉得他们逆来顺受。在上司把工作交给实干者后,他们会依照上司意图踏实地完成工作。实干者常常能够给他人尤其是公司的领导留下可靠又务实的印象。

实干者优缺点分析。

实干者的优点:

① 拥有一定组织能力,具备丰富实践经验。

② 在面对各项工作时能够做到勤恳踏实、吃苦耐劳,拥有老黄牛一般的奉献精神。

③ 给个人工作提出了严格要求,而且会严格约束自身的行为。

实干者的缺点:

① 在处理工作的过程当中,遇到问题不够灵活。

② 对于没有把握的事情不存在太大的兴趣。

③ 缺少激情以及广大的想象力。

2）协调者

协调者在面对突发事件之时，可以沉着冷静地对待，就像是人们所说的处变不惊。在面对问题和事件之时有着极高的判断力，能够准确判断是非曲直；对自身事态把握方面的能力有极高的自信心；在处理各个问题时可以有效控制个人的情绪与态度，意志力强。

协调者优缺点分析。

协调者的优点：

① 愿意虚心听取各个方面的有价值的意见与建议。

② 可以有效吸纳他人的意见，而且不会给予偏见。

③ 在处理事情和看待问题时可以站在公平公正的立场，秉持客观公平的态度。

协调者的缺点：

① 通常而言，协调者一般不存在较强的创造力以及想象力。

② 关注人际关系，常常会忽视整个团队的目标。

3）推进者

推进者往往表现得思维敏捷，拥有举一反三的能力。在看待问题以及处理事务时拥有开阔广泛的思路，可以从多角度出发探寻解决问题的思路。推进者通常性格开朗，特别容易和他人相处，也可以迅速适应全新环境，可以有效运用多种多样的资源，克服实际工作当中遇到的困难，并进行工作程序的优化与改进。

推进者优缺点分析。

推进者的优点：

① 在实际工作当中，无论面对怎样的事务，都能够活力满满，精力充沛。

② 敢于向传统势力发出挑战。

③ 不会满足现状，勇于向低效展开战斗。

④ 不能够满足于现状，敢于向自满自足的情绪挑战。

推进者的缺点：

① 往往容易在团队相处当中引起争端，遇到事情容易冲动急躁。

② 瞧不起别人。

4）创新者

创新者的个性鲜明、思想深刻，在看待问题之时，常常和他人有着很大的差异，会有个人独到见解，在思考问题的过程当中不拘小节，整个思维也非常活跃积极。

创新者优缺点分析。

创新者的优点：

① 在团队当中才华横溢。

② 拥有非凡想象力与创造力。

③ 大脑当中充满智慧与聪明才智。

④ 拥有渊博的学识。

创新者的缺点：

① 通常会给人留下高高在上的印象。

② 不够注意问题细节的处理。

③ 给人的印象过于随便，不拘礼数。

④ 通常会让人觉得不容易相处。

5）信息者

信息者通常性格外向，在面对他人和各个事件时热情满满，显现出极强的好奇心，和外界有着非常广泛的联系，对于各个方面的消息都十分灵通。

信息者优缺点分析。

信息者的优点：

① 喜欢一系列的交际活动，拥有与人广泛沟通的能力。

② 面对新生事物有超乎他人的敏感度。

③ 拥有极强的求知欲，愿意探索和接触新事物。

④ 勇于迎接挑战。

信息者的缺点：

① 通常会给人留下事过境迁而兴趣迅速转移的印象。

② 说话不讲求艺术，常常直言不讳。

6）监督者

监督者头脑清晰，可以理智地面对和处理问题，对人、对事都能够做到谨慎客观和公平公正。监督者青睐于对比各个成员的行为，喜爱观察团队的实践活动过程。

监督者优缺点分析。

监督者的优点：

① 对人、对事都有极强的明辨是非的能力。

② 对事物的分辨率极高。

③ 讲求实际，坚持实事求是的态度和原则。

监督者的缺点：

① 缺少对团队成员的鼓动和煽动力。

② 缺少激活团队其他成员活力的能力。

7）凝聚者

凝聚者擅长人际沟通与互动，可以和他人保持和善友好的良好关系，在为人处世方面非常温和，对人、对事有着极高的敏感度。

凝聚者优缺点分析。

凝聚者的优点：

① 对环境和人群的适应力极强。

② 可以推动成员间彼此协作。

凝聚者的缺点：

常常在面对危急事件时优柔寡断。

8）完善者

完善者做事勤奋向上，而且井然有序。为人处世表现出极为认真的态度，处理事情强调尽善尽美。

完善者优缺点分析。

完善者的优点：

① 能够持之以恒，不会半途而废。

② 在实际工作当中勤勉上进。

③ 面对各项工作勤恳认真，一丝不苟，是理想主义者的代表。

完善者的缺点：

在处理工作和问题时过度关注细节，为人处世缺少风度。

3. 团队角色的启示：每一个角色都很重要

众所周知，在拔河的过程中，双方都要有一个人专门喊号子。这个人通常是拔河比赛获胜的关键人物。各个队的成员在听到号子声后，会共同用力形成强大的合力。假如没有专门喊号子的人，常常会出现你用劲时他人松懈的情况，正是因为缺少号子声作为重要信号引导成员，不知道他人何时用力，也因此无法形成强大的合力。喊号子之人就是这个拔河团体当中的协调者。从这个形象直观的生活事例当中也能够清楚地看到协调者在整个团队当中发挥的积极作用。

不管是哪个企业当中的团队，均是为了达成共同目标而组建的。基于此不管是哪个企业和团队，都需要有实干者作为必要支持。实干者能够将团队当中的想法与计划变成现实，假如企业缺少实干者，那么企业和团队也将不复存在。同样以拔河比赛为例，假如在比赛过程当中没有人真正卖力拔河，那么即使喊号子的人喊破喉咙也不会促成比赛的胜利。

同样的，一个完整的团队也不能够少了另外六种角色。所以说团队当中各个角色都有着至关重要的作用，在一个团队当中各个成员需要避免因为扮演某角色的人多或在某一事件的处理，认为自己重要而他人不重要。因为在整个团队当中，各个角色均是平等的，而不存在等级和高低贵贱之分，个人不能够达到完美的程度，但是团队能够达到。

第二节　户外拓展训练团队的沟通类型

由于沟通具有极强的复杂性以及普遍性特征，因此我们可以立足差异化的标准对沟通进行分类。通常情况下，常用的分类方式有以下几种：依照沟通目的和功能划分，可以分为工具性沟通和满足需要的沟通；依照沟通的组织系统分，可以分为正式沟通与非正式沟通；依照沟通方向可逆性进行分类，可以分为单向沟通与双向沟通；依照沟通符号类别进行划分，可以划分成语言与非语言沟通；依照信息传播方向进行分类可以分成上行、下行和平行沟通。

一、工具性沟通和满足需要的沟通

1. 工具性沟通

工具性沟通的主要目的是传递信息，同时也将信息发送者自己的知识、经验、意见和要求等告诉接收者，以影响接收者的知觉、思想和态度体系，进而改变其行为。如教师向学生传授知识，上级向下级传递命令、指示等。

2. 满足需要的沟通

满足需要的沟通目的是表达情绪状态，解除紧张心理，征得对方同情、支持和谅解等，从而满足个体心理上的需要和改善人际关系，如朋友间的倾诉、心理咨询等。

二、正式沟通与非正式沟通

1. 正式沟通

所谓正式沟通是经过组织明文规定路径实施信息交流传播的一种沟通形式，比如组织间进行公函往来。在一个组织团队当中，上级命令依照系统逐层级地向下传达，下级的相关情况逐层级地向上反馈和组织内部的会议、汇报等情况都是正式沟通的内容。一般来讲，官方的、有组织的以及书面的沟通都被视为是正式沟通。例如，组织的领导者根据自己的权力和责任做出决策，然后按照组织规定逐级传达至最基层的执行工作人员；一个企业的生产组长按照组织规定，每天将生产情况向上级做出书面报告或者口头汇报；一个职能部门把本部门讨论的决定或发现的问题，按照有关规定通报组织内的其他相关职能部门等。这些沟通不是随意进行的，也不是可有可无的沟通，而是必须进行的工作，组织内多数沟通都是这种正式沟通。

正式沟通是信息传递的基本方式之一，它是按照组织规定建立起来的沟通形式，沟通过程中不允许掺杂任何情感因素，每个角色的行动都具备可预测性，它是组织效率得以保证的前提条件。

正式沟通的显著优点是能够明显提升沟通效果，具有极强的约束力，保密性强，可以用于重要信息的沟通和传递。

当然正式沟通存在一些缺点，主要是因为正式沟通需要借助组织系统层层传递，所以会明显降低沟通的速度，而且显得刻板，信息经过层层传递之后，存在着失真或扭曲的可能。

2. 非正式沟通

非正式沟通指的是在正式沟通渠道外开展的信息沟通与传递。如员工之间私下交换意见、背后议论别人、小道消息、马路新闻的传播等，均属于非正式沟通。当正式沟通的渠道无法满足信息需求或妨碍了必要的信息沟通时，需要借助非正式沟通的方式来满足必要的信息需求。另外，当正式沟通的信息不足时，也可以通过非正式沟通来补充和丰富正式沟通的信息。非正式沟通有以下几个特点。

（1）信息具有不确定性。一般来说，非正式沟通传递的信息具有很大的不确定性，真实性成分较少。一位美国学者通过对多家公司调查后发现，在所研究的30件小道消息中，9件是确定的，5件有歪曲，16件全无根据。其他研究人员还发现了另一种情况，即小道消息如果不带感情色彩，其准确率往往可达到78%～90%的准确率。

（2）传递和扩散的速度快。非正式沟通中信息的传递很多时候采取的是一个人向另一个人的单向式传递，但更多的时候是由一个人听到消息后，同时又转告给另外三四个人，然后再由他们继续向外传播。因而传播速度非常快，范围广泛。

（3）消息来源的模糊性。非正式沟通往往没有确定的沟通渠道，因而很难追查到信息的确定来源。很多信息都是道听途说，得到信息的时间和地点都不固定，有些信息甚至是从陌生人那里偶然听到的，而且许多发送者说过之后自己也就忘记了，因而对信息的来龙去脉到最后谁都不清楚了。

（4）信息传递的弹性较大。非正式沟通中，信息在人际之间直接传播，每个人由于自身的知识背景和理解能力、感情、需求等，都有可能对听到的信息进行再加工，致使信息面目全非。

（5）新闻性与现实性。一般而言，在非正式沟通中信息越新，人们对其进行谈论得就会越多；影响人们工作的人与事是最容易引起人议论的；在工作上接触多的人，最可能被牵扯到同一传闻中去。

非正式沟通的优点是沟通方便快捷，涉及的内容面广，沟通方法灵活多样、时效性强，可以用于传递不便运用正式沟通方法传递的信息。在非正式沟通当中容易将真实情绪情感和说话动机表现出来，所以常常能够获得很多在正式沟通当中无法获得的资料。

不过非正式沟通的可控性较差，传播的信息通常是不够明朗确切的，很容易出现信息失真和曲解的情况，极容易造成流言蜚语的传播，进而极大程度上影响人们的信息判断。

非正式沟通是切实存在着的，不过在面对这样的沟通方式时，我们应该加以了解、适应和整合，使其有效担负起传递信息的重要作用。现代管理理论当中提到了一个全新概念，这个概念被称作高度的非正式沟通，这样的沟通方式指的是运用多种多样的场合，选用多种多样的方法，排除多种多样的干扰，用来维持成员间持续不断的信息沟通，进而在团体企业当中形成一个开放性和不拘泥于形式的信息沟通体系。大量的实践研究表明，高度的非正式沟通方法能够有效节约时间，以免出现正式沟通当中常常出现的约束以及谨慎之感，也会让很多困难的问题在愉悦轻松的氛围之中得以顺利解决，能够明显减少团体当中人际互动的压力，消除摩擦与矛盾。美国通用（GE）公司执行总裁杰克·韦尔奇（Jack Welch）被誉为"20世纪最伟大的经理人"之一。在他上任的初期阶段，公司内部有非常严明的等级制度，而且结构非常臃肿混乱，于是他开展了一系列大刀阔斧的变革工作，特别是在公司内部管理的过程当中引入了非正式沟通理念。他常常会为员工留下便条，或者是亲自打电话告知员工相关事宜，他的观点是沟通应该是随心所欲的，他也努力让全部员工都能够维持如同家庭一般的密切亲友关系，让各个员工均有参与与发展的机会，使得管理者与员工之间彼此尊重与理解，可以实现无障碍的沟通互动，缓解上下级之间的紧张关系，消除彼此的隔阂。

总而言之，在实际沟通环节需要综合使用这两种沟通方式。正式沟通，其内容和频率要适当。次数过少，内容不全，会使上情不能下达，下情不能上达；而次数过多，内容过繁，则会陷入官僚主义和形式主义。在力求使正式沟通畅通的同时，还应重视和利用非正式沟通渠道，使后者成为更好地进行信息交流的一种补充形式。

三、口头沟通与书面沟通

如果我们按照信息传递的方式对沟通进行分类，可以将沟通分为口头沟通与书面沟通两种类型。

1. 口头沟通

所谓口头沟通就是运用口头表达的方式来进行信息的传递和交流。这种沟通通常见于会议、对话、演讲、报告、打电话等。口头沟通包括"说"和"听"两种形式，是我们最常用的沟通方式。刊登在美国《沟通》杂志上的一篇文章中，管理学家克莱姆和史尼德指出，管理者将他们89%的时间用于有关沟通活动的事务上，而"说"和"听"两种方式就占到了59%。

口头沟通具有以下优点。

（1）个性化。口头沟通是通过有声语言来传递信息，可以根据信息发送者的需要对声音的高低、升降、快慢进行调整。口头沟通也可以保留生活中许多语音、词汇和语法现象，如方言、俚语、叠音等，使表达生动、自然、富有个性。

（2）互动性。口头沟通以面对面的沟通为主要形式，人们在收到信息后可以很快地做出反应。

（3）快捷性。口头沟通是所有沟通形式中最为直接的方式，信息传递速度非常快，有时只需几秒。

（4）灵活性。口头沟通可以根据沟通环境的变化随时调整。信息发送者在不同的场合，面对不同的沟通对象，可以对谈论的话题、切入的深度随机应变。

口头沟通的缺点也显而易见，具体如下。

（1）不利于信息的保留。口头沟通中，保留信息的主要手段是人的大脑的记忆，而有效的记忆容量、准确性、完整性都缺乏足够的保障。

（2）容易受空间限制。在人数众多的群体中，信息的发送者与接收者无法进行直接对话。

（3）受个人因素影响大。在口头沟通中，信息发送者的语言表达能力、情绪以及信息接收者的语言理解能力、接收信息的态度等个人因素都会在很大程度上影响沟通的效果。

（4）容易出现信息失真。口头沟通只能在错误出现之后加以更正或任其存在，所以，信息失真的可能性较大。当信息在多人之间传送的时候，这种可能性就会增加。

要保证口头沟通的有效性，我们必须遵循以下原则：

（1）准确。如果沟通对象发现信息有误，或信息不完整，就会改变对信息的态度，影响沟通的效果。所以，我们必须积极地搜集、整理、评价信息资料，以保证资料的准确性。在表达信息时，也要选择准确的词汇、语气、语句组织方式和看问题的角度。

（2）清晰。口头沟通过程中，还要求信息发送者能够清晰地表达自己的想法。语言应当简洁，材料应该条理化，并且能够用生动的语言流畅地表达出来。

（3）热情自然。热情的表达会使信息更有说服力，而自然则是信息真实的表现。保持自然首先要精神放松，面对强者时树立自信，面对弱者时保持谦逊；其次，对沟通的内容要十分熟悉，不能死记硬背，要学会用自己的语言进行表述。

（4）提高声音素质。声音的素质主要包括语音、语速、语调等方面。口头沟通中，清亮圆润的声音会使人心情舒畅，加强沟通的效果。传递的信息内容庄重，应用严肃的声音；内容平和，应用舒缓的声音；情感悲切，应用沉郁的声音；情感亢奋，应用高亢的声音；情感急剧，应用短音；情感惬意，应用长音。另外，还要克服大喊大叫、鼻音太重和发音抖动等缺点，加强对声音的控制能力，提高声音的素质。

2. 书面沟通

书面沟通指的是用书面形式进行的信息传递和交流。例如报纸、文件、信件、刊物、调查报告、书面通知等。有统计表明，组织内部高层领导的大部分时间都花在文件审阅、传送及拟定上面，也就是书面沟通上面。

书面沟通在人们的生活和组织管理中扮演着重要角色，具有其他沟通形式不可替代的作用。一般来说，书面沟通的优点主要表现在以下几个方面。

（1）书面沟通的信息可以长期保存，有助于信息接收者对信息进行深度加工和思考。书面沟通的信息可以长期保存下去，如果对信息有疑问，过后可以对其进行复查。对于比较复杂的和长期进行的信息传递活动，书面沟通尤其重要。

（2）书面沟通可以使信息发送者更从容。当双方意见不一致时，书面沟通可以避免因言辞激烈而引发的冲突与不快。另外，书面沟通可以使信息发送者从容表达自己的想法，避免口头沟通中有所顾忌、不敢直言的情况。

（3）书面沟通的内容方便复制，有利于大规模地传播。书面文本可以复制，同时发送给很多人，向他们传递相同的信息。

（4）书面沟通的信息准确性高。书面沟通可以促使信息发送者对自己要表达的信息进行更加认真的思考，使其更加条理化、逻辑化。书面语言在词语的组织运用、词语间的关系规则和习惯、句子语法等方面有着明显的逻辑性。书面的语言在正式发表之前能够反复地修改，直到写作者满意为止。信息发送者所要表达的信息能够被充分、完整地表达出来，从而减少了情绪、他人观念等因素对信息传递的影响。书面沟通的这些特点都使得它所传递的信息有较高的准确性。

书面沟通既有优点，也有缺点。书面沟通的缺点也是十分明显的，具体如下。

（1）书面沟通耗时较长。在相同时间内，口头沟通能够传递的信息要比书面沟通多得多。据研究，花费一个小时写出的东西只需要 15 分钟就能说完。

（2）不能及时提供反馈信息。口头沟通能使信息接收者对接收到的信息及时提出自己的看法。而书面沟通缺乏这种内在的反馈机制，无法保证接收者对信息的理解恰好是发送者的本意。发送者往往要花很长时间来了解信息是否已经被正确地接收与理解。

（3）容易产生沟通的障碍。由于人们知识水平、社会观念的差异，对相同的信息，不同人的理解程度是不一样的。因此，对于书面文字传递的信息，接收者有时不能真正理解发送者的本意，从而造成沟通障碍。此外，发送者在写作过程中使用有歧义的语言或者词不达意，也会造成双方对信息理解的不同，产生沟通障碍。

（4）无法运用非语言要素。口头沟通往往是在一定的情境下进行的，双方通过互相观察，凭借某些非语言要素获得一些体现信息发送者真实意图的信息，而书面表达却没有这种特性。在口头表达中极容易理解的话语，在书面沟通中要想达到同样的效果，则需要花费大量的笔墨去做背景的交代，而对于某些"只可意会，不可言传"的内容，书面沟通则很难把它解释清楚。

要做到有效的书面沟通，需要遵循以下原则。

（1）目的明确。从信息发送者的角度来看，书面沟通的主要目的包括提出问题、分析问题、给出定义、提供解释、说明情况和说服他人等，因而，发送者必须明确自己如何展开沟通、需要传递什么信息、将信息传递给谁以及希望获得怎样的结果。

（2）清晰。首先，写作的思路要清晰，使接收者能正确领会信息发送者的意图。其次，书写格式要清晰，除要选用符合文章的样式外，还应对文章进行合理的整体布局。

（3）准确、完整。准确书写是书面沟通的重要原则，也就是说，要做到信息准确无误，标点符号、语言运用、表述风格及语气不会引起异议。要明了书写的意图，完整地表达想要表达的思想、观点，描述事实。这需要在写作时反复检查、思考，不断补充重要的事项。

（4）简洁。在准确、完整地表述信息的基础上做到言简意赅有助于信息接收者在短时间内了解并接受信息。

美国心理学家戴尔（T.L.Dahle）通过比较研究，认为兼用口头与书面沟通的沟通方式效果最好，其次是口头沟通，再次是书面沟通。其实，口头沟通与书面沟通，各有优缺点。在日常生活和组织管理中口头沟通与书面沟通都是必不可少的，我们要根据具体情况进行选择。

四、单向沟通与双向沟通

按照沟通方向是否可逆，可以将沟通分为单向沟通与双向沟通。

（1）单向沟通是指信息的发送者和接收者的位置不变的沟通方式，如作报告、演讲、上课，一方只发送信息，另一方只接收信息。这种沟通方式的优点是信息传递速度快，并容易保持所发出信息的权威性，但准确性较差，并且较难把握沟通的实际效果，有时还容易使接收者产生抗拒心理。当工作任务亟须布置，工作性质简单以及从事例行的工作时，多采用此种沟通方式。

（2）双向沟通是指信息的发送者和接收者的位置不断变换的沟通方式，如讨论、协商、会谈等都属此类沟通。信息发送者发出信息后，还要及时听取反馈意见，直到双方对信息有共同的了解。

双向沟通的优点是，信息的传递有反馈，准确性较高。由于接收者有反馈意见的机会，使接收者有参与感，容易保持良好的气氛和人际关系，有助于信息沟通和沟通双方感情的建立。但是，由于信息的发送者随时可能遭到接收者的质询、批评或挑剔，因而对发送者的心理压力较大，要求也较高。同时，这种沟通方式比较费时，信息传递速度也较慢。

1. 单向沟通与双向沟通比较

美国管理心理学家 H. 莱维特曾于 1959 年设计实验研究这一课题。他用两种不同的指示语，让被试者在纸上画出一系列相连接的长方形，要求其连接点必须在角上或某边的中心，而且所成的角度为 90° 或 45°。

第一种为单向沟通实验，其指示语为：①被试（信息接收）者背对主试（信息发送）者；②被试者不准提出疑问或发出笑声、叹气、点头等任何表达接收信息状态的反应；③信息发送者以最快的方式清楚说明长方形连接的模式。

第二种方法为双向沟通，其指示语为：①信息发送者面向接收信息者，可以看到被试者的表情，了解他们接收信息的状态；②被试者可以打断主试者的描述，并提出任何问题要求发送者解答。

根据实验结果，莱维特得出下列几点结论：①从速度看，单向沟通在速度方面明显快于双向沟通方法；②就内容准确度而言，双向沟通的信息准确度要更高一些（用正确画出图形的人数百分率表示）；③从沟通程序上看，单向沟通安静、规矩，双向沟通混乱、无秩序；④双向沟通中，信息接收者对自己的判断有信心、有把握，但对信息发送者有较大的心理压力，因为随时会受到被试者的发问、批评与挑剔；⑤单向沟通需要较多的计划性，而双向沟通无法事先计划，需要具有现场判断与决策能力；⑥双向沟通可以增进彼此了解，建立良好的人际关系。

2. 单向沟通与双向沟通的应用

单向沟通与双向沟通各有所长，到底采取哪种方式应视不同的情况而定。一般来说，快速沟通以单向沟通为好，准确沟通以双向沟通为好；简单工作以单向沟通为好，复杂而陌生的问题则双向沟通效果要好。

从团队领导者个人角度来讲，如果经验不足，无法当机立断，或者不愿下属指责自己无能，想保全权威，那么单向沟通对他有利。而如果团队领导者想让下级有公开和坦率地表达意见的机会，则要进行双向沟通。这就要求团队领导者平易近人，把自己放在与对方平等的地位上，创造一种和谐的气氛。另外，团队领导者要容忍不同意见。如果团队领导者只接受正面信息，有的下级就会只看领导脸色行事，这样就会使双向沟通徒具形式。

五、语言沟通与非语言沟通

结合沟通符号种类的差异，我们可以把沟通划分成语言沟通和非语言沟通这两个大的种类，其中最为有效的沟通应该是这两种沟通方式密切整合形成的综合性沟通方法。

1. 语言沟通

语言沟通是利用语言符号开展沟通，其中涉及口头语言、文字语言沟通和图表等。在面对面的沟通中，最常用的是口头语言。

在语言沟通过程中，我们常常会遇到一些前后矛盾、顾此失彼、难以两全的情况，使自己处于两难境地。为适应这些情况，产生了各种各样的语言艺术，比较常用的有以下几种。

（1）积极表达期望。希腊神话当中的塞浦路斯国王皮格马利翁是一个特别擅长雕刻的人，他因为不喜欢国家的凡间女子，于是决定永远不结婚。他凭借自己的雕刻技术雕刻了一座美丽的象牙少女雕像，在夜以继日地持续雕刻当中，他付出了自己全部的精力、热情和爱恋。他在对待雕像时就如同对待妻子一般对她进行爱抚和装扮，还给雕像起了名字，同时向神灵祈求让这尊雕像成为自己的妻子。爱神阿芙洛狄忒被他的精神和真诚感动，于是赋予这尊雕像生命，并让他们结成了夫妻。1968年的一天，两位心理学家来到一所美国的小学，从一至六年级当中各自选了三个班级，并在他们当中开展了一次发展测验。心理学家用赞美的语气，把有优异发展可能性的学生名单交给教师。在8个月结束之后，他们再一次来到学校当中开展复试，结果显示在名单之中的学生在各方面的成绩都获得了极大的进步，同时他们的性格更加开朗，有着更强的求知欲，也敢于表达自己的意见和建议，和教师能够融洽相处。事实上这次调查研究是心理学家开展的期望心理实验，他们所提供的名单并不是通过测试获得的，而是随机抽取的。心理学家运用权威性的谎言对教师进行暗示，让教师对名单当中的学生产生信心，虽然教师一直没有公布名单，但是仍然无法掩饰住自己的热情，运用表情、眼神、语音语调等对学生进行有效的教育和熏陶。事实上教师所扮演的就是皮格马利翁的角色。学生在教师的熏陶和感染之下受到比较深刻的影响，也逐步变得自信，反映在实际行动上，就是会积极向上努力学习，进而获得了快速进步。这个事件在后来也被叫作皮格马利翁效应或者期待效应。

语言沟通中，积极的语言反应表达出积极的心理期望。比如，强调对方可以做的而不是你不让或你不愿让他们做的事情，"我们不允许上班迟到"（消极表达）就不如说"保证按时上班很重要"（积极表达）；把负面信息与对方某个受益方面结合起来，可以说"你将拥有10次免费阅读的机会"（积极表达），而不是说"免费阅读机会仅有10次，过后请付费"（消极表达）。

（2）注意推论和事实。人们在认知外在世界的时候，往往在获得所有的必要事实之前就开始进行推论，推论的形成相当快，以至于很少有人仔细考虑它们是否代表事实。"他迟到了，因为偷懒""如果按照我的方法实施，目标早就达到了"。这些语句表示的并不是事实，而是推论，这种情况下不良沟通就产生了，所以我们应该避免妄下推论。

（3）进行委婉表达。要达到沟通的最佳效果，不一定都用直言不讳的说法，恰当地运用委婉的表达方式，同样能够鲜明地表明人们的立场和观点。

在南朝时期，齐高帝曾经和著名的书法家王僧虔共同研习书法。一次齐高帝突然问王僧虔两个人的字谁的更好。这个问题的回答难度是非常大的，要说高帝写的字更好，很明显是违心的说法；要说齐高帝写的字不如自己，又难免会让高帝失了面子，甚至会影响君臣关系。于是王僧虔给出了一个非常巧妙的回答，他说他写的字是臣子当中最好的，而齐高帝写的字是君王当中最好的。君王数量很少，但是臣子数量很多，这句话的言外之意是非常清晰的。齐高帝也领会了这句话的意思，于是哈哈一笑不再提及这件事。

（4）应用模糊语言。我们在客观世界中所遇到的各种客观事物，绝大多数没有一个明确的界限。作为客观世界表现符号的语言也必然是模糊的。巧妙地利用语言的模糊性，使语言发挥它神奇的效用，是语言沟通的重要技巧之一。

电影《少林寺》中，觉远对法师不近色、不酗酒的要求都以"能"作答。法师："尽形寿，不杀生，汝今能持否？"觉远觉得难以回答，法师高声再问："尽形寿，不杀生，汝今能持否？"觉远："杀心可熄，匡扶正义之心不可熄。"这样模糊的回答，既能在法师面前过关，又不违背自己要惩治世间恶人的决心和本意，真正做到了两全其美。

（5）幽默表达。幽默是人的思想、学识、智慧和灵感的结晶，在语言沟通中适当地运用幽默，可以使信息更易被接受。

幽默可以化解难堪。比如有人问鲁迅："先生，你为什么塌鼻子？"鲁迅答："碰壁碰的。"

幽默可以化解矛盾，缓和气氛。易中天成名之后，很多人对他表示质疑。在中央电视台《面对面》节目中，主持人王志问了易中天这样一个问题："那你怎么给自己定位呢？你是一个传播者还是一个研究者，还是一个什么？"而易中天用一个很形象通俗的比喻风趣地回答了这个问题："我是一个大萝卜，一个学术萝卜。萝卜有三个特点：第一是草根；第二是健康；第三个是怎么吃都行，你可以生吃可以熟吃，可以荤吃可以素吃。而我追求的正是这样的一个目标，老少皆宜，雅俗共赏，学术品位，大众口味。"

幽默也可以用来含蓄地拒绝。一天晚上美国总统林肯在忙碌一日之后准备上床睡觉，忽然之间听到电话铃声，打来电话的是一个惯于钻营的人，这个人告诉他关税主管刚去世，问自己是否可以做关税主管，结果林肯回答说："如果殡仪馆没意见，我当然不反对。"

幽默可以针砭时弊。

领导："你对我的报告有什么看法？"

群众："很精彩！"

领导："真的？精彩在哪里？"

群众："最后一句。"

领导："为什么？"

群众："当你说'我的报告完了'大家转忧为喜，热烈鼓掌。"

这段幽默讽刺了很多领导干部长篇大论不着边际的作风。

幽默可以在轻松的气氛下进行严厉的批评。"二战"结束后，英国首相丘吉尔到美国访问，当记者问他对美国的印象时，丘吉尔说了句"报纸太厚，厕纸太薄"，引得记者们哄堂大笑。但笑过之后，人们才发现丘吉尔语言的尖刻。

幽默是可以使人获得有力的反击武器。歌德是 18 世纪德国民族文学的奠基人，有一天他去公园散步，正悠闲地走在只能容一个人通过的小路上时，忽然迎面走来一个人，此人是当时颇有名气的批评家。"狭路相逢"大家总得让一让吧。谁知那位批评家大模大样地走过来，不仅毫无相让之意，还高声喊道："我从来不给傻子让路！"眼看两个人要相撞，却见歌德笑容可掬地闪过一旁，并且风度翩翩地说："呵呵，我倒恰恰相反。"一时间反倒把那个批评家闹了个满脸通红。

2. 非语言沟通

非语言沟通指的是用语言以外的即非语言符号系统进行信息沟通。如视动符号系统（包括手势、表情动作、体态变化等非语言沟通手段）、目光接触系统（包括眼神、眼色）、辅助语言（包括说话的语气、音调、音质、音量、快慢、节奏）以及空间运用（如身体距离）等。

多种多样的非语言沟通拥有以下几个非常显著的特征。

（1）非语言沟通是由文化决定的，不少非语言信息是文化当中独有的内容，通常情况下大部分的非语言行为是在孩童时从父母和相关的群体那里学习到的。特定的社会和文化群体，会形成特定的非语言信息的特性和风格。

（2）非语言信息可能与语言信息产生矛盾。在现实沟通中，常会出现"言行不一"的现象。正确判断一个人的真实思想和心理活动，要通过观察他的身体语言而不是有声语言。因为有声语言往往会掩饰真实情况，在这种情况下，身体语言就是你真诚行动的开始。

（3）非语言信息在很大程度上是无意识的。很多非语言沟通是在下意识中进行的，以至于很多时候我们意识不到自己的非语言行为。你感到身体不舒服，你的同事马上就感觉到了，并问你"怎么了"。他是从你不自觉地显现出的痛苦的神情得知的。和自己喜欢的人在一起，你会靠得很近；听到不赞同的观点，你会表现出嗤之以鼻的神情，而这些你往往是意识不到的。正如弗洛伊德所说，没有人可以隐藏秘密，假如他的嘴唇不说话，则他会用指尖说话。

（4）非语言沟通表明情感和态度。非语言行为起着表达感情和情绪的作用。

管宁和华歆一起在园中锄菜，看到地上有片金子，管宁依旧挥锄，视之如同瓦石一样，华歆却捡起来给扔了。俩人还曾坐在一张席上读书，有人乘车经过门前，管宁读书如故，华歆却丢下书，出去观望。管宁就把席子割开，和华歆分席而坐，并对华歆说："你已经不是我的朋友了。"管宁用割席这个动作表明的是与华歆绝交的一种情感和态度。

非语言沟通的功能与作用就是传递信息、沟通思想、交流感情，归纳起来，内容如下。

①强化效果。非言语符号是语言沟通互动的重要辅助工具，能够让语言表达更加的准确有力和具体形象。

②替代语言。有时候某一方即使没有说话，也可以从其非言语符号比如面部表情上看出他的意思，这时候，非言语符号起到代替言语符号的作用。

严监生得了重病，病重得一连三天不能说话。到了晚上屋子当中挤满了人，桌子上点着一盏灯。严监生虽然上气不接下气，但是一直没有断气，还将手探出来伸着两个指头。是大侄子走上前来问："二叔，你莫不是还有两个亲人不曾见面？"他摇了摇头。二侄子走上来问："二叔，莫不是还有两笔银子在哪里，不曾吩咐明白？"他瞪圆了眼睛又摇了摇头指得紧了。奶妈抱着哥子插口道："老爷想是因两位舅爷不在跟前，故此记念。"他听完话之后闭着双眼摇头，那只手仍然指着一动不动。……赵氏分开众人，走上前道："老爷！只有我能知道你的心事。你是为那盏灯里点的是两茎灯草，不放心，恐费了油；我如今挑掉一茎就是了。"说完之后立马去掉一茎；此时人们再一次看向严监生时，他点了点头，放下了手，顿时没气了（吴敬梓《儒林外史》）。

③体现真相。非语言沟通大多是人们的非自觉行为，其中所包含的信息往往都是在沟通主体不知不觉中显现出来的。它们一般是沟通主体内心情感的自然流露，与经过人们的思维进行精心提炼的有声语言相比，非语言沟通更能体现事情真相。

我国新闻界的前辈徐铸成先生有一次谈到他早年采访中的一段经历。1929年阎锡山和冯玉祥曾经酝酿联合反蒋介石，可是当冯玉祥到达太原时，阎锡山却把他软禁起来，借此行动向蒋介石要钱要枪。后来冯玉祥的部下做了一番努力，才逐步扭转危局。1930年春，徐铸成到冯玉祥驻太原的办事处采访，看到几个秘书正在打麻将，心里一动，估计冯玉祥已经脱身出走了，因为冯治军甚严，如果他在家则部下是不敢打牌的。徐铸成赶紧跑到冯玉祥的总参议刘治洲家采访，见面就问："冯玉祥离开太原了？"对方大吃一惊，神色紧张地反问："啊？你怎么知道？"这个简短的对答，完全证实了徐铸成的判断。徐铸成就这样通过一桌麻将和采访对象的神色语气，获得了冯玉祥脱身出走的重要信息。以后他又经过深入的访谈，摸清了冯玉祥、阎锡山将再度联合的政治动向，在当时这是一条极其重要的政治新闻。

非语言沟通包括以下几种主要形式：

其一，辅助语言。辅助语言涵盖发声系统当中的各个要素，比方说音质、音幅、音调、音色等。当这些要素中的某一个或全部被加到语言中时，它们能修正其含义。我们每天和不同的人谈话，我们会发现，令我们喜欢的，是他的声音；令我们讨厌的，可能还是他的声音。不同的声音、不同的口气、声调和节奏，会对我们接收和理解信息产生不同的影响。人们在语言沟通时，同一句话，同一个字，会因为使用不同的一副语言而造成人们不同的理解。

说话时结巴并且语无伦次之人常常会被人认为是一种缺少自信或者是言不由衷的表现。用鼻音发出哼声会显现出傲慢鄙视和冷漠的态度，也会让人心生不快。人在激动之时通常会提高声音，声音也会变得尖细，语速加快，并且带有一定的颤音。当人情绪悲哀之时，会放慢语速，压低音调，给人沉重呆板的感受。表达爱慕的声音通常音质柔软，有规律节奏或者是发出模糊的声音。表达气愤的时候通常声音大且音调高，音调变化快，节奏不规则。

意大利著名的悲剧影星罗西在一次欢迎外宾的宴会上应邀为客人们表演一段悲剧，他用意大利语念了一段台词，尽管客人们听不懂它的台词内容，却为他那动情的声调和表情而留下同情的泪水。可是这位明星念的根本不是什么台词，而是宴席上的菜单。

其二，身体语言。身体语言，亦称人体示意语言、态势语、动作语言、体态语言等。身体语言是一种传情达意的重要工具。在掌握了这一要点之后，不单能够更好地理解他人传达的意图，还能够让个人的表达更为丰富，强化表达效果，提高人和人之间相处的融洽性和有效性。

其三，环境语言。环境是沟通必备的要素，所有的沟通必然都发生在特定的环境中。同时，环境又是沟通的工具，通过环境也能进行信息和情感的交流。

a. 空间距离。空间语言是在社交场合当中人和人身体间保持的距离。空间距离是无声的，但它对人际沟通具有潜在的影响和作用，有时甚至决定着人际沟通的成败。人们都是用空间语言来表明对他人的态度和与他人的关系的。多数人都能接受的四个空间是：亲密空间、个人空间、社交空间、公共空间。

·亲密空间。亲密空间的半径大小为 0.15 ~ 0.45 米。在范围各不相同的个人空间当中，亲密空间兼具的重要性最强，这是因为人们在面对这个空间时有着较强的防护心理，就如同是对待个人私有财产一般只有在感情上和特别亲近之人活动时才会让他们进入这个亲密空间当中。

在这个空间里，还有更为私密的一个区域，那就是与我们的身体间距小于15厘米的区域。一般来说，只有在进行私密的身体接触时，我们才会允许他人进入这个区域。我们也可以将这个区域称为特别私密空间。

·私人空间。私人空间的半径大小为 0.46 ～ 1.22 米。在举办宴会或者是公司聚餐等社交活动的过程中，常常要和人保持私人空间这样的距离。

·社交空间。社交空间的半径大小为 1.22 ～ 4 米。在和陌生或者是不够熟悉的人相处时，常常会保持社交空间距离，比方说第一次见面的人、维修工人、快递员、新来的同事等。

·公共空间。公共空间的半径大小超过 4 米。在很多人面前发言或演讲时，常常会选择这样的距离，因为这样的公共空间间隔能够让人获得舒适感。

上述所有间距如果在女人和女人打交道时，可能会缩小；反之，如果是男人和男人打交道，间距则可能会扩大。

b. 物体的操纵。这是指人们通过物体的运用和环境布置等手段进行的非语言沟通。

·场所的设计。包括房间的格局、房间颜色的搭配、房内的陈设等。日常生活中，客人常常通过观察主人的办公室或所住的房间布置、装饰等，来获得对其性格、爱好等方面的初步认识。

·座位的设置。古往今来，人们在社交场合对座位座次的安排也是颇为讲究的，长幼尊卑在座次安排上一目了然。《史记·项羽本纪》中鸿门宴会的座次是："项王、项伯东向坐，亚父南向坐，亚父者，范增也。沛公北向坐，张良西向坐。"按古代礼仪，帝王与臣下相对时，帝王面南，臣下面北；宾主之间相对时，则为宾东向，主西向；长幼之间相对时，长者东向，幼者西向。宾主间宴席的四面座位，东向最尊，次为南向，再次为北向，西向为侍坐。鸿门宴上，项王、项伯东向座，亚父南向座，沛公北向座，张良西向座。项王、项伯是首席，范增是第二位，再次是刘邦，张良则为侍坐。宴设于项羽军中帐内，刘邦为宾，从座位安排上即可看出，项羽目中无人，自高自大，加上力量的悬殊，刘邦的处境已令人忧心。再看项羽集团内部，谋士范增在项羽心中的地位，尚不及告密的项伯，君臣隔阂、事不可谋已初露端倪。"夫运筹策帷帐之中，决胜于千里之外，吾不如子房。镇国家，抚百姓，给馈饷（馈饷），不绝粮道，吾不如萧何。连百万之军，战必胜，攻必取，吾不如韩信。此三者，皆人杰也，吾能用之，此吾所以取天下也。项羽有一范增而不能用，此其所以为我擒也。"（《史记·高祖本纪》）项羽在识人、任人方面是有问题的。

c. 朝向的设置。沟通双方的位置朝向也透露一定的信息，常见的朝向有以下几种。

面对面：沟通中常见的朝向，表达了希望得到全面充分沟通的愿望。

背对背：要么是完全没有沟通的意愿，要么是非常亲密的人背靠背坐着聊天。

肩并肩：非常亲密，同时也是非正式的沟通。

V形：双方在面对面可能会引发冲突时，采取这种朝向，可以淡化敌对情绪，并给双方调整自己情绪的空间。上级对下级进行谈话也常采用这种朝向。

第三节　户外拓展训练团队的内部沟通

一、团队及其特征

群体是有两个及其以上的彼此作用与依赖的个体为特定目标的实现而依照规则结合起来的组织。团队是这样的群体，其成员通过他们正面的协同效应、个体和相互的责任以及互补的技能为实现一个具体的、共同的目标而认真工作。

团队形式并不能自动地提高工作效率，高效团队的特点主要体现在以下几个方面。

1. 清晰的目标

高效团队对于团队要达成的目标有清晰的认知，同时也坚信这个目标，拥有极大的价值与功能。这一目标的重要价值激励着团队当中的各个成员，促进个人目标的升华，助推整个团队目标的实现。在整个高校团队当中，每一个成员都愿意为这个团队目标做出承诺，知道团队想让自己做什么，也知道应该如何做才能够协力完成相关任务。

2. 相关的技能

高效团队是由一群拥有不同能力的成员共同构成的一个整体，他们拥有达成团队整体目标必不可少的技能，而且彼此间可以通力协作。后者尤其重要，但却常常被人们忽视。有精湛技术能力的人并不一定就有处理团队内部关系的高超技巧，高效团队的成员则往往具备这种素质。

3. 相互的信任

成员之间彼此信任是高效团队的显著特点，换句话说，各个成员对于其他成员的能力与品行都深信不疑。团队往往需要花大量的时间才能培养成员之间的相互信任。团队文化和领导者的行为对成员之间相互信任的形成具有重要影响。假如团队有开放协作以及诚实守信的办事准则，并且激励各个成员广泛参与和提高自主性，就会比较容易形成彼此信任的良好环境与关系。

4. 一致的承诺

高效团队成员对他们所处的团队有着很高的认同感，而且也会绝对忠诚于团队，并为了团队的发展而做出贡献。为了让整个群体收获成功，他们愿意做各种各样的事情，而我们也把这样的忠诚与奉献称为一致承诺。

5. 良好的沟通

良好沟通是高效团队的显著特征，在这样的团队体系当中，各个成员可以无障碍地进行多种形式的沟通与交流。另外，团队的管理者和各个成员也可以进行有效的信息互动与沟通。

6. 谈判技能

高效团队当中的内部成员在角色方面具备多变性和灵活性的特征，而且处在持续性调整变化的情况之下。那就要求团队当中的各个成员拥有极高的谈判能力，因为团队当中发生的问题和存在着的关系也在不断地变化，因此各个成员需要能够有效面对和处理相关情况。

7. 恰当的领导

高素质的领导者可以让整个团队陪伴自己，共同度过艰难的发展阶段，这是因为这样的领导者，可以给整个团队指明前途。领导能够给广大成员说明变革的可能性和重要价值，激励广大成员树立自信，让他们可以更加全面深入地了解个人的潜能。高效团队当中的领导通常扮演的是教练以及坚实后盾的角色，负责对整个团队提供支持与引导，并不是要对整个团队进行控制。

8. 内部支持和外部支持

高效团队最后的必备条件就是支持环境。就内部条件而言，团队应该具备合理恰当的基础结构，这个结构包含培训、绩效测量系统、人力资源系统。通过发挥基础结构的积极作用，可以有效支持和强化各个成员的行为，进而获得较高的绩效。就外部条件而言，管理者需要给整个团队提供达成工作目标必不可少的各种资源。

二、团队内部的有效沟通

团队沟通指的是依照一定目标由两个及以上成员构成的团队当中产生的各种形式的沟通。

团队内部的有效沟通会产生一种协同力，从而使得团队能够成为一个真正的团队。一个团队的绩效和其沟通力密切相关。显然，不管是谁，都渴望自己所处的团队具有很强的沟通力，并在整个团队当中打造"人人为我，我为人人"的良好环境，做到只是依靠个人力量无法完成的事情。

如果我们按照信息传播的方向对团队内部的沟通活动进行划分，团队沟通包括上行沟通、下行沟通和平行沟通三种类型。

（一）上行沟通

上行沟通是指自下而上的沟通，即下级向上级汇报情况，反映问题。这种沟通既可以是书面的，也可以是口头的。

1. 请示与汇报的程序

请示，是下级向上级请求决断、指示或批示的行为；汇报，是下级向上级报告情况、提出建议的行为。二者是上行沟通的主要内容。请示与汇报的主要程序如下。

（1）认真聆听领导发出的命令。假如领导明确给出指示让你完成某项工作，那么必须要用最为简洁有效的方法，了解领导意图及其领导工作的重点。具体可以运用5W2H的方法快速记录工作要点，也就是要理清命令时间（When）、地点（Where）、执行者（Who）、为了什么目的（Why）、需要做什么工作（What）、怎么样去做（How）、需要多少工作量（How many）。同时在领导命令下达完成之后，立即整理记录，并再一次用简单扼要的语言向领导复述，查看是否存在遗漏或者是领会不够清楚的地方，得到领导的确认。如果在面对领导发出的指令之时，存在着过于模糊的情况，决不能"想当然"，要及时与上司进行沟通。

（2）和领导探究目标可行性。领导在下达命令后，通常会关心下属会针对这个问题提出怎样的解决方案，也希望下属可以针对该问题有大概思路。因此在接收到命令之后，下属需要积极动脑对要负责和处理的工作有初步认识，形成初步解决方案。特别是对有可能在实际工作当中出现的困难，必须要有充分认知，对于在能力范围外、需要和其他部门、外单位进行协调的工作，应和领导进行充分的沟通和交流，力求得到领导的帮助与支持。

（3）拟订工作计划。在确定工作目标之后，接下来就需要与领导针对工作可行性展开探讨和分析工作，并且快速拟订工作计划，交到领导手中完成审批。在拟订工作计划的过程当中，需要详细说明行动方案和具体的行动步骤，特别是要明确工作进度，便于领导对其展开有效监控。

（4）随时向领导汇报。在完成各项工作的过程当中，需要及时向领导汇报请教，以便让领导及时获知你的工作进度和获得的阶段性进展，也便于及时得到领导给出的意见与建议。

（5）及时总结汇报。在完成工作之后，需要及时把这项工作进行归纳和汇报，归纳工作处理过程当中获得的成功经验和工作当中存在的不足，以便在下次工作当中有效处理和改进提升。

2. 上行沟通的基本原则

（1）尊重而不吹捧。在沟通过程中，每个人都有一种心理期待，希望得到别人的尊重。下属需要尊重领导，并在各个方面关注对领导权威的维护，给领导工作以充分的支持。在一定的场合中，给予领导适度的恭维，不仅是必要的，有时候也是十分重要的。但是，恭维领导要掌握适度，并且是在确切了解对方内心世界的基础上恭维。

有这样一个故事：清代，在镇压太平军的行营里，一次，曾国藩用完饭后与几位幕僚闲谈，评论当今英雄。他说："彭玉麟、李鸿章都是大才，为我所不及。我可自许者，只是生平不好诳耳。"一个幕僚说："各有所长：彭公威猛，人不敢欺；李公精敏，人不能欺……"说到这里，他说不下去了。曾国藩问："你们以为我怎么样？"众人皆低头沉思。忽然走出一个管抄写的后生来，插话道："曾帅仁德，人不忍欺。"众人听后皆拍掌称是。曾国藩十分得意地说："不敢当，不敢当。"后生告退后，曾国藩问道："此是何人？"幕僚告诉他："此人是扬州人，入过学（秀才），办事还谨慎。"曾国藩听后说："此人有大才，不可埋没。"不久，曾国藩升任两江总督，就派这位后生去扬州任盐运使了。这位后生仅以一句得体话，就得到了曾国藩的赏识，从此改变了自己的命运，真可谓"一言定升迁"。

（2）请示而不依赖。一般说来，上级领导掌握更多的信息，考虑问题更加周全。下级请示上级、服从领导，是所有团队中通行的原则。但下属不能事事请示，遇事没有主见，大小事不做主。所以，上行沟通中该请示汇报的必须请示汇报，但决不要依赖、等待。

意大利艺术家米开朗琪罗被公认为最伟大的作品，应该是他的大理石雕刻大卫像。但是当米开朗琪罗刚刚雕好大卫像的时候，主管这件事的官员跑去看，竟然不满意。"有什么地方不对吗？"米开朗琪罗问。"鼻子太大了！"那位官员说。"是吗？"米开朗琪罗站在雕像前看了看，大叫一声："可不是吗？鼻子是大了一点，我马上改。"说着就拿起工具爬上架子，叮叮当当地修饰起来。随着米开朗琪罗的凿刀，掉下好多大理石粉，那官员不得不躲开。隔了一会儿，米开朗琪罗修好了，爬下架子，请那位官员再去检查："您看，现在可以了吧！"官员看了看，高兴地说："是啊！好极了！这样才对啊！"送走了官员，米开朗琪罗先去洗手，为什么？因为他刚才只是偷偷抓了一小块大理石和一把石粉，到上面做做样子。从头到尾，他根本没有改动原来的雕刻。

如果米开朗琪罗没有自己的主见，会是什么结果呢？

（3）主动而不越权，并且敢于提出个人的意见与建议，不过下属的积极主动是有条件的，那就是要正确地认识自己的角色和地位，在工作中不能超越自己的职权。

3. 说服领导的技巧

所谓说服，是指用充分的理由开导对方，使对方的态度、行为朝特定方向改变的一种沟通。说服领导应注意以下事项。

（1）选择恰当的提议时机。心理学的研究表明，人们处在不同的心情环境下，对于否定意见的接受程度也大不相同。因此每天刚上班时、快下班时，节假日，以及吃饭、休息时都不是说服领导的好时机。通常情况下上午的 10 点左右，市领导刚处理完清晨业务，相对来说是较为轻松的时刻，同时有可能在此时正在对一天的工作进行安排，所以在这个时候适时用委婉的方法提出意见与建议，更容易得到领导的关注。另外还有一个好的时间段是在午休结束之后的半小时当中，此时领导在经过午休的调整之后，拥有的精力与体力相对旺盛，更容易听进他人的意见与建议。总而言之，要注意选择恰当的提议时机，在领导拥有充分时间并且各方面的状态较好之时更容易获得好的效果。

（2）充分准备。要事先对双方即将探讨的问题进行专门的研究并形成独到的见解，归纳整理好相关数据资料，形成书面材料。提前设想领导在看到材料之后会提出的问题，并且事先准备答案。

（3）简明扼要，突出重点。在和领导交流沟通的过程当中必须要抓住重点，力求简明扼要。不要东拉西扯，分散领导的注意力。在沟通之前，最好有提纲或打好腹稿，使用精辟的语言归纳整理所要汇报的内容。

（4）充满自信。在和人沟通时，个人的语言与肢体语言传递的信息各占一半，一个人假如对自身的计划以及建议满怀信心，那么不管面对的是谁都可以保持自然的表情。相反，假如对给出的提议没有自信，也会在言谈举止方面表现出来。因此，在面对自己的领导时，要充满自信。

（5）充分尊重。在说服领导的过程中，一定要尊敬领导，维护领导的尊严，不能采取过于强势的态度和语气，逼迫对方接受自己的观点。说明个人的意见与建议之后需要有礼貌地告辞，给领导留下思考和做出相关决策的时间。

（二）下行沟通

下行沟通是指自上而下的沟通，即领导者以命令或文件的方式向下级发布指示、传达政策、安排和布置计划工作等。下行沟通是传统团队内最主要的一种沟通方式。是否可以构建拥有融洽关系且积极向上的团队，在极大程度上取决于领导是不是擅长和下属进行沟通互动，是否能够有效运用好下行沟通的技巧与方法。

1. 下行沟通的技巧

（1）尊重下属。在下行沟通中要充分尊重自己的下属，下达命令时，要使用礼貌用语，使他们感觉自己更受尊重。作为领导者，要得到下属的尊重，先要尊重下属。

（2）让下属了解此项工作的重要性。先要告诉下属此项工作的重要性，能够让下属在完成此项工作的过程当中产生成就感。

（3）适当下放权力，让部下拥有一定的工作自主权。在决定让部下担当某项工作时，就需要尽可能地给予自主权，扩大自主范围，使其能够结合工作性质与工作要求发挥个人创造力。

（4）平等沟通。有一则这样的寓言故事：一把坚实的大锁挂在大门上，一根铁杆费了九牛二虎之力，还是无法将它撬开。钥匙来了，它瘦小的身躯钻进锁孔里，只是轻轻地一转，大锁啪的一声就开了。铁杆奇怪地问："为什么我费了这么大力气也打不开，而你却轻而易举地把它打开了呢？"钥匙说："因为我最了解他的心。"作为领导，应该以平等的姿态去贴近下属、寻求沟通。

2. 赞扬部下的技巧

赞扬部下就是对部下的行为举止以及完成的工作给出正面评价，恰当的赞美和表扬能够激发部下的工作积极性和主动性。

（1）真诚赞美。赞美部下必须真诚，赞美之词应该发自内心，并且有事实为基础。

（2）及时赞美。在部下做出成绩后，及时地进行表扬。

（3）具体赞美。赞美部下时要有明确的指代和理由，要依据具体的事实赞扬。

（4）公开赞美。公开赞美部下，对被表扬员工是最大的鼓励。但公开赞美要有一个前提条件，那就是你赞美这个人的理由必须是大家所公认的。

（5）间接赞美。间接赞美主要有两种方式：第一种方式是借第三者的话进行赞赏；第二种方式是在当事人不在时赞赏。

左宗棠在西北军营中，一日晚餐后，与幕宾闲谈，左公说："人们都说曾左，为何不说左曾呢？"众人均无言以对。忽然一少年狂士起身答道："曾国藩心目中时刻有左宗棠，而左宗棠心目中从来无曾国藩，只此一点，即知天下人何以说曾左而非左曾了！"举座大惊。左公起身拱手谢道："先生之言是也，曾公生前，我常轻之，曾公死后，我极重之。"

3. 批评部下的技巧

在实际工作当中通常会发现部下存在着一些不足或者是错误，在发现这些情况时需要及时地批评指正，而这样的批评指正也是非常必要的。

（1）欲抑先扬。尺有所短，寸有所长。人在犯错之后并不代表这个人就是一无是处的，所以领导在批评部下前，先对对方的长处予以真诚的赞美，能够有效地化解敌对情绪，使批评更容易被接受。

约翰·卡尔文·柯立芝（1923～1929年任美国总统），发现他的女秘书长得非常漂亮，但工作经常出现差错。一日清晨，柯立芝看到女秘书进入办公室，于是说："今天你穿的这身衣服真漂亮，正适合你这样年轻漂亮的小姐。"女秘书受宠若惊，柯立芝接着说："但你不要骄傲，我相信你处理的公文也能和你一样漂亮。"果然通过运用批评的技巧，女秘书在今后的公文处理当中极少犯错。朋友在知道了这件事情之后非常好奇，于是问他："这个方法很妙，你是怎样想出来的？"柯立芝说："这很简单，你看见理发师给人刮胡子吗？他要先给人涂肥皂水。这是为什么呀？就是为了刮起来使人不疼。"

（2）就事论事。批评他人的时候一定要客观具体，就事论事，不要伤害部下的自尊与自信。

（3）私下批评。中国有句古话：扬善于公堂，规过于私室。不要当着众人的面批评，批评时最好选在单独的场合。

（4）友好结束。批评部下，对方或多或少都会感到有一定的压力。因此每一次的批评都需要尽可能在友好氛围当中结束，以便真正意义上解决实际问题。

（三）平行沟通

平行沟通主要是指同层次、不同业务部门之间以及同级人员之间的沟通。

在上行沟通、下行沟通、平行沟通三种沟通中，平行沟通是最为困难的。利益部门化是平行沟通的最大障碍；员工之间的个人摩擦冲突也会影响平行沟通的效果。

1. 平行沟通的技巧

（1）换位思考。不同的工作岗位，由于本身业务领域和职责的不同，看问题的角度也不同，出现矛盾和冲突在所难免。因此，要学会站在对方的立场上看问题，设身处地为对方着想，这样平行沟通的成功就有了保证。

（2）互相尊重。平行沟通时，应注意说话的口吻和语气，尊重对方的人格，尊重对方的工作。

（3）从大局出发。每个部门或班组都有各自的利益。遇到问题时，应从大局出发，以便能进行有效的沟通。

（4）开辟多种沟通渠道。团队内部的沟通，既要有正式的、制度规定的沟通渠道，也应该有非正式的沟通渠道。应综合使用多种沟通渠道加强沟通效果。

2. 与同事的日常沟通中要注意把握分寸

（1）不谈论私事。办公室是工作场所，不能把同事的"友善"和朋友的"友谊"混为一谈，以免影响正常的工作秩序和自身的形象。

（2）不好争辩。同事之间出现分歧很正常，当别人提出不同意见时，要认真倾听。

（3）不传播"耳语"。对小道消息，应该做到"三不"，即不打听、不评论、不传播。

（4）不当众炫耀。当众炫耀自己的才能、长相、财富、地位等，处处显出高人一等的优越感，那么无形之中就是对他人自尊与自信的挑战与轻视，会引起别人的排斥心理乃至敌对情绪。

（5）不直来直去。不分场合、不看对象的直率，往往会成为沟通的障碍，特别是当我们有求于对方或者发表不同见解的时候，更不能颐指气使、直截了当。

（6）不随便纠正或补充。除非工作需要，或者对方主动请教，否则，有自以为是、故作聪明之嫌，也会无意中损害对方的自尊心。

第五章　户外拓展训练设施与团队安全管理

第一节　户外拓展训练的固定设施装备

一、户外拓展训练的固定设施

（一）固定设施对户外拓展的重要性

户外拓展的固定设施广义上主要包括开展户外拓展训练用的房屋、更衣室、食堂、组合架、地面项目等；当然，真正的户外拓展训练的开展，并非上述所有的内容均需齐备，甚至有时候户外拓展训练项目的开展实施仅需要教练员的一支笔、一张纸即可。但是从课程实施的全面性、情景的全真性、效果的直观性和户外拓展的本质来看，户外拓展固定设施的有无在一定程度上决定了户外拓展训练开展的质量，缺少了高空类项目的体验，学员就缺少了身临高空收获的心灵震颤；缺少了场地固定项目的体验，学员就缺少了团队工作时团队问题诊断与绩效提升的载体；缺少了移动道具的辅助，学员就缺少了最直指心灵体验时回忆的附着物；缺少了固定设施的户外拓展训练，势必又将回归到"你教我学"的传统学习模式，依然是填鸭式的知识灌输，依然是教授者在上面唾沫乱飞，学员在下面昏昏欲睡的情景。

由是观之，户外拓展训练的开展离不开固定设施的配备，固定设施的有无、多寡、好坏决定了户外拓展训练课程的最终效果。

（二）固定设施的分类

广义上讲，可将所有与户外拓展训练开展有关的设备设施均视为户外拓展训练的固定设施。从狭义上讲，将与户外拓展训练课程开展相关的项目设施称为户外拓展设施，可将之分为极限设施、高空设施、地面固定设施、移动道具设施等。

极限设施一般为巅峰体验类设施，如攀岩、速降等获得身心巅峰体验项目设施。

高空设施一般为操作平台在地面2米以上的项目设施，如独木桥、缅甸桥等设施和当前大部分将若干高空项目组合在一起的高空架。

地面固定设施为固定在地面之上，操作平台在地面高度2米以下的项目设施，如信任背摔的背摔台、宇宙泥浆和军事冲关的平台等设施。

移动道具设施是为方便部分移动项目操作而特别制作的道具设施，提升项目的操作感觉和降低课程实施的难度，如有轨电车项目中的大脚板、地龙争霸中的履带、罐头鞋中的桶和木板、罗马炮架中的竹竿等。

随着户外拓展训练行业的不断发展，不论是高空户外拓展训练设施，还是地面固定、移动道具设施，都在因受众的需求而不断发展，针对固定设施的设计原则和建造的基本要求，将在下节详细阐述。

二、户外拓展训练的装备

（一）装备的概念

装备从词义上可简单解释为配备的东西和物件，从实用性上可解释为对主体有益的物件如潜水员用的潜水装备、跳伞员用的跳伞装备和户外拓展用的户外拓展装备等。

因户外拓展行业的特殊性质，从广义上讲，户外拓展装备包括除了人之外顺利开展培训和训练所需的所有事物和物件，从分类上基本可区分为设施、器械、道具、教具和安全装备五类。

（1）设施主要包括开展户外拓展训练用的房屋、更衣室、食堂、组合架、地面项目等设施。

（2）器械主要指木头、金属等坚硬的物体制造的具备一定使用功能的物体，其大多有一定的机械原理，比如将杠杆、滑轮等运用于器械之中，所以由相关定义可知，器械与上述设施和下述道具都将有一定的交叉和重合。

（3）道具可分为项目道具和辅助道具两类，项目道具主要包括完成户外拓展训练课程所选项目处固定设施主体结构外的物品，狭义的项目道具基本指的是移动道具，如大脚板项目中的木板、A计划项目中的竹子等；辅助道具为顺利完成项目操作必不可少的物件，如背摔项目的绑手带、孤岛求生项目的乒乓球或羽毛球等。

（4）教具为培训师完成个人培训过程中必不可少的使用物件，如破冰环节用的白板、笔，分享用的一幅画、一首诗、一张卡片等，这些均是培训师在培训过程中至关重要的元素，有时教具也会成为培训道具。

（5）安全装备在其他书刊或论文中常被称为保护性器械，它是保证户外拓展活动万无一失开展的重要因素，而这也正是我们在本书中对户外拓展装备的狭义定义。从狭义上讲，户外拓展装备指的就是安全装备。下文将对安全装备的性能和使用做一详细介绍，同时将结合户外拓展的交叉行业户外运动、登山所需的装备进行延伸性阐述。

（二）安全装备介绍

安全装备，其所指的主要是针对使参与者在进行户外拓展训练时安全无虞的设备。故此，对于安全装备的选择、采购、使用、保养和维护均有相对较高的标准，户外拓展训练开展的安全等级仅次于极地救援等级。装备的制造和检验标准严格遵照 EN 标准和 UIAA 标准。

EN 是欧洲标准（European Norm）的缩写，代表该装备已通过欧洲标准化委员会（Comite Europeande Normalisation，CEN）检验认证。

户外拓展训练常用的安全装备主要有以下几类。

（1）头盔（Helmets）。头盔在户外拓展训练中的作用不容小觑，戴上头盔能够使外在的风险降低一半左右，在攀爬和横移下降项目能有效地保护我们的头部免受硬物的撞击，在绳索课程中能防止头发卷入绳结之中，同时头盔的使用不仅可以保护我们的头部，还可以保护我们的眼睛和脸部。

（2）安全带（Safety）。安全带的设计目的是在实际攀爬或登山过程中，将攀登者与保护绳索之间连接在一起，从而起到保护攀登者的作用。安全带分为全身安全带、胸式安全带和坐式安全带，户外拓展训练中常用的为全身安全带和半身安全带。安全带是人与其他安全装备链接的枢纽。

半身式安全带一般都有若干型号，半可调的规格从小到大可分为 XS、S、M、L、XL 几个型号，全可调的一般只分为 M 和 L 号，如表6-1 所示。

表6-1 安全带的型号参照表

型号	XS	S	M	L	XL
腰围（寸）	25 ~ 28	28 ~ 31	31 ~ 34	34 ~ 37	37 ~ 40
腿围（寸）	19 ~ 22	20 ~ 23	21 ~ 24	22 ~ 25	23 ~ 24

（3）绳索（Ropes）。绳索是户外拓展训练高空项目操作必不可少的装备，更是从事户外、攀岩、攀登的主要装备。绳索从力学性能可分为动力绳（Dynamic Ropes）与静力绳（Static Ropes）两大类，从作用和使用上分为辅绳（Cord）、单绳（Single Ropes）、半绳（Half Ropes）和双子绳（Twin Ropes）。

（4）扁带（Webbing Tape）。扁带是户外拓展训练活动中软质性和硬质件连接使用最多的安全装备，也是户外拓展培训师自我保护的必备物件，力学性能类似于静力绳。常用扁带类型有 16 毫米和 25 毫米两种，成型扁带长度分为 0.6 米和 1.2 米两种标准。

（5）锁具（Locks）。锁具是户外拓展训练中用途最广而又最不可缺少和替代的装备，活动中主要是连接保护绳与保护点，在活动中可以替代许多复杂而烦琐的绳结。从材质上分为铁质锁和合金锁，从样式上分为 O 型、D 型和改良 D 型，从上锁的方式上分为自动锁和手动锁。

（6）8 字环（FIGUREOF8）。8 字环是最普遍的保护器械，通过主绳的连接保护人员在下方保护学员的安全，学员在上升、跳跃、通过与下降时，能够感知来自地面的保护，而这个保护制动装置就是 8 字环，其最大的作用是增大主绳的摩擦力来确保同伴和自己下降时的安全，除了 8 字环之外，有时候也经常使用变形8 字环、ATC 和 GUIGUI 之类的装备提供类似保护。

（三）安全装备的使用和保养

1. 头盔（helmets）

当前户外拓展行业使用范围最广、品牌知名度最大的头盔是意大利的坎普（CAMP），其中 Star202 型号用得最多，当然也有不少公司在操作户外项目如岩降、探洞时使用美国的黑钻（Black Diamond）。头盔的使用既是保证学员在户外拓展活动中实行攀爬和下降、水上项目和绳索课程的安全装备，同时也是保证训练员和户外拓展教练的安全装备。

在户外拓展中，我们一般选择质量好、功能专一的传统头盔，这也是 CAMP Star202 如此流行的原因，CAMP Star202 头盔样式经典、重量适中，舒适性和透气性均不错。

头盔的摆放一般是内口靠内平放和垂直悬挂放置，外带是一般放置于上层或悬挂于背囊的两侧固定。

穿戴头盔时需将内环调校至最大，将 Logo 侧或标示的前方朝前，将头盔戴入学员头部后收紧内层头箍至头形大小，将颈带放松至最大，要求所有的带子平整地贴于脸部，调校的卡扣三角区域离耳根 1 ~ 2 指的距离，用自己的手指垫在被戴头盔学员的颈颊部，扣上搭扣，将颈带收紧至颈带与脸部一小指的间隙，头盔基本穿戴完毕。

头盔穿戴好后，进行两项检查。一项为用手在外盔体外轻拍几下，确认内层是否起到缓冲作用；另一项为戴好头盔的学员头部前后左右晃动几圈，确认头盔是否恰好附着于头部。

穿戴头盔需注意以下几点：头盔的前后顺序一定要戴正确；长头发的女生必须将头发盘起放入盔体之内；所有耳环、耳钉必须取下；头上的硬质发卡必须去掉。

2. 安全带（safety）

（1）全身安全带。全身安全带在户外拓展训练操作空中跳跃项目中使用，它的性能是防止人体在空中的翻转和倒挂，全身可调，意大利 CAMP 品牌为一种尺码，法国 PETZL 曾有儿童用全身安全带，户外拓展常规用的全身安全衣胸围最大尺寸为 108 厘米，腿围最大尺寸为 90 厘米，常规结构为背后一个结构卡片和钢质承重钩，前面除了一个承重连接扣外还有一个保险连接扣。当前国内有厂家将全身安全带的带子缝合于防护衣内，使得肩背胸所受的压力更平均。

其中，银灰色的为腿带，每个腿带上有一组供调节大小的自动上锁的卡扣，上部红色带子由结构卡片和承重钩分为前肩带和后肩带，前肩带两边各有一块铁卡片调节和闭合锁紧，腰带锁扣为两个圆形封口，使用时加一个锁扣或短扁带连接。

穿戴时将腿带和肩带放松至合适状态，手持两条前肩带，将腿带平铺于地，要求学员背对穿戴双脚放在腿带内并将腿带提起至腰部，将双臂伸入前后肩带的空隙，系上腰带，位置基本在胯骨之上，松紧以一只手掌能自由滑动为宜。学员挺胸收腹状态下调节腿带松紧至适合状态，调节结构卡片至肩胛骨中间，收紧前肩带并将肩带头反穿过调节自锁卡片，肩带松紧以一只手掌自由滑动为宜，扣上辅助连接扣，提起承重钩，感受腿带、腰带、肩带的松紧度直至保证安全和舒适方可。

（2）半身安全带。半身安全带主要由腰带和腿带构成，可分为全可调节和半可调节两种。当前户外拓展使用的半身安全带不管是 BEAL、CAMP 还是 PETZL 的，均采用全可调安全带，腰带采用独特的喇叭口外形设计。全可调安全带腰部调整范围为 60 ~ 100 厘米，腿部调整范围为 45 ~ 72 厘米，两侧均有装备环和承重环，可悬挂主锁、快挂和粉袋等。

安全带必须按照相关国际标准与动力绳索连接使用。如果需要与扁带或静力绳索相连接，请使用势能吸收器来缓解坠落冲击力。如果存在坠落危险，请不要将安全扣直接锁到安全带的保护挂点上，建议使用 8 字节作为保护节点。

CAMP-Aeroteam 半身安全带色质为银灰和蓝色，腰带两侧各带一个装备环，腿带内侧设计有加宽加厚的保护垫。

穿戴时将腿带和腰带放松至最大，双脚从腰带中穿过分别再穿过两条腿带，将腰带提起至胯骨之上，锁紧并将防滑头平整穿过腰带上的卡扣，再将腿带调节至舒适状态。

半身式安全带常用作高空横移、攀岩、速降、探洞等，高空横移使用扁带和主锁的自保必须保证扁带穿过腰带的主受力部位，攀岩、速降、探洞等使用的均为前部的承重环，两侧的装备环仅作高空安全点设置时主锁、膨胀钉等的悬挂和攀岩时粉袋和快挂的悬挂。

安全带的使用规则如下。

（1）场地使用前，务必在安全区域进行悬垂测试，以确认安全带适合使用者体形。

（2）请将安全带远离摩擦面或锋利边缘，避免破损。

（3）安全带与水或冰接触后极易磨损，此时应加倍提高安全意识。

（4）安全带的储存温度应不超过 80 ℃。Polyamide（聚酰胺）的融化温度是 230 ℃。

（5）安全带应避免与化学物质尤其是酸性物质相接触，因为化学物质会在无形中破坏纤维结构，导致危险隐患。

（6）避免安全带暴露于强紫外线环境，应将其存放于阴凉处，同时远离潮湿和热源。在运输过程中，同样要满足上述条件。

（7）清洗安全带应使用洁净的冷水，水温不高于 30 ℃。如有必要可使用性质温和的织物清洁剂和人造毛刷。消毒时应使用对人造材料没有任何损害的制剂。安全带清洗或受潮后，应将其放置于干燥、阴凉处自然晾干，避免日晒或烘烤。

（8）每次使用前后应仔细检查安全带的每一处缝线、扁带和卡扣，并养成良好的使用习惯。

（9）安全带必须由专业人员进行定期的、全面而细致的检查。通常如果使用频繁，应每三个月检查一次；偶尔使用，应每年检查一次。

（10）严禁私自对安全带进行维修或改造。

（11）安全带属于个人安全装备。外借他人使用或许会造成无法察觉的严重损伤，因此应保持高度的安全意识。

安全带的使用寿命：

安全带的使用寿命 = 首次使用前储存时间 + 实际使用时间

使用寿命取决于使用频率和使用类型。机械负载和磨损会逐渐降低安全带的安全性能。紫外线照射和潮湿的环境将会加速安全带的老化。

首次使用前储存时间：适宜的存储环境下，安全带在首次使用前可以存放 5 年，同时不会影响到以后的使用状态。

实际使用时间：①正常频率使用为 5 年；②偶尔使用为 10 年。

这些数字只表明安全带的理论使用寿命。一条安全带有可能在首次使用时就被损坏。因此应经常对安全带进行检测来判断其是否应该被淘汰。请注意，适宜的存储环境和正确的使用方法对安全带的使用寿命是至关重要的。安全带的实际使用时间不应超过 10 年，因此安全带的使用寿命（首次使用前储存时间 + 实际使用时间）不应超过 15 年。

报废规则：

（1）经历过严重坠落，即使表面没有破损。

（2）扁带由于磨损、切割、与化学物质接触或其他原因而导致破损。

（3）缝线破损。

（4）卡扣无法正常工作。

（5）曾经与活性或危险性化学物质接触。

（6）使用者对其安全性存在怀疑。

3. 绳索（ropes）

（1）绳索简介。很久以前，绳索的缓冲能力很差，比较严重的坠落很容易导致绳索产生相当大的拉力，致使保护点失效，攀登者的身体受到伤害，甚至把绳索冲断。后来，具有缓冲能力的绳索得到了发明和推广，国际登山联合会（UIAA）因此制定了 12 千牛的最大冲击力标准，规定在攀登发生严重冲坠时，绳索上的拉力（也就是绳索对攀登者的作用力）不得大于这个值，因为超过 12 千牛就会损伤攀登者的身体。

绳索属于 PPE 个人保护装备，它的作用类似于头盔或防护网，时刻保护人身安全。个人保护装备分为以下三大类。

第一类，适用于轻度危险的保护装备，例如轻微机械震动或光照等。

第二类，适用于中度危险的保护装备。

第三类，适用于高度危险（严重伤害或威胁到生命安全）的保护装备。

因此，绳索属于第三类个人保护装备。在从事高空建筑作业和高空、极地救援时，需要时刻将绳索连接在自己的身体上。绳索的作用同防弹衣或潜水减压阀一样，一旦失效有可能导致死亡。同样，正确地使用绳索同样至关重要。

（2）绳索的结构。绳索由两部分组成。外面包裹的是防护表皮，提高绳索的耐磨性能；里面的是内芯，能够吸收坠落时 70% 的冲击力。一条安全的绳索一定是由外皮和内芯两部分组成的。所有现代攀登绳和辅绳都采用芯鞘（kemmantle）结构，由绳芯和绳鞘两部分构成，大部分绳索和绳鞘成分均为尼龙。绳芯纤维经过致密处理后，扭绞制成具有较好弹性的多股绳芯，这就是攀登绳能够吸收冲坠能量的主要原因。绳鞘约占绳索总重量的 1/3，其主要作用为保护绳芯、改善绳索手感，但也提供一定的强度；如果没有绳鞘，单用绳芯承受冲坠，绝大多数攀登绳连一次冲坠测试都无法通过。不同的绳鞘编织方式可以提供不同的摩擦力和柔软程度。

（3）绳索的类型及性能。绳索可分为动力绳与静力绳两大类。按照攀登绳索生产业的行规要求，所有的静力绳必须是黑、白两色，动力绳可以采用任何颜色。

动力绳是专为攀岩和登山爱好者开发的。动力绳只能在特定条件下使用于工程领域，例如当你领攀时。静力绳直径为 9 ~ 16 毫米，一般用于探洞、溯溪或高空作业。

静力绳由聚酰胺材料制造，也就是我们平时所说的尼龙。静力绳由表皮和内芯组成。在编织过程中我们在绳索中间还加入了一条印有生产信息的身份识别带。此识别带信息包括绳索类型、制造年份、标准号码与制造商名称。

所有安全保护绳索必须要达到一定的标准，绳索不同，具体性能也有所不同，在测试时需要通过不同的方法来验证这些标准。一条标准的绳索一定是同时具备 CE 认证和 EN1891 标志号码。所有满足这些标准的绳索都是相当安全的，但是一定要牢记唯一的准则——绝对不要使身体高于安全挂点。要知道，一条成功通过质检测试的绳索，可能由于操作者薄弱的安全意识而丧失其保护作用。

（4）绳索的使用。每一条绳索都提供有详细的使用指导（绳索说明书）。绳索说明书首页包含以下几项重要的数据：绳索名称、直径、类型、长度、EN1891标准，CE 认证、生产批号与年份。绳索说明书内页详细介绍了绳索的使用方法，绳索安全标志与安全警告的含义，以及更具体的绳索性能等多方面信息。

（5）绳索的拆封。不管是绳轴还是绳索，首次使用时一定要两个人一起将它打开。将绳索自绳轴上取下时，其中一个人将一根横杆穿过绳轴，另一个人将绳索展开，使其松散地堆在一起。从这个角度看，绳索一定不要直立起来，要使其平坦地堆在一起。如果直立，那么绳索将会自动缠绕在一起。当打开定尺的绳索时，要用手将捆扎带撕开，绝对不要使用小刀或剪刀，我们设计此捆扎带的目的就是便于用手撕开。打开定尺绳索时，其中一个人将手穿过定尺绳索，另一个人将绳索展开，使其松散地堆在地面上。

绳索在开始使用之前要对其进行缩水处理来达到其真实长度。最简单的方法就是将整轴绳索浸入水中，然后自然晾干，这样它变硬的程度就会降至最低。

（6）绳索的切割。较长的绳索一般都是一整轴，这时我们需要将它裁开，这是一项非常有趣的工作。绳索一般无法用卷尺来测量其长度，因此要将一条绳索对折来测量。例如你有一条200米长的绳索，此时你将绳索对折在中点处裁断，这样你就有两条100米长的绳索。如果你需要一根60米长和一根40米长的绳索，只需量出10米然后乘以6，在此位置处进行标记，但是不要进行切割。检查剩余的绳索是否有40米长，如果准确无误便可以进行切割。切割应在高温下进行，同时进行封头处理，并将一条与原绳索信息相关的记录标签贴在绳头上，然后再复印一份绳索说明书，与新切割的绳索一起存放。

（7）绳索的使用记录。每一次使用绳索之后，必须对绳索进行检测并建立一份有效的检测记录。检测过程中发现的使用问题，必须记录在检测记录的日志栏内。首先，对绳索进行整体的视觉观察，检查绳索长度、表皮状态，是否存在切割、磨损、灼伤或与化学物质接触的痕迹。然后，对绳索进行手工检查，通过触觉检查内芯，是否存在硬化、软化或起角的区域。最后，检查缝合终端的缝线是否完好，是否存在切割或磨损的线头。如果对这中间的任何一个环节心存疑虑，请立即停止使用这条绳索。

（8）绳索的存储。绳索存储时应远离紫外线，理想的存储地点是放在专用的绳包内，避免环境温度超过80℃。把绳索放在汽车后备箱或是挡风玻璃后面都不是很好的选择，要知道高温闷热的存储环境会破坏绳索内部纤维，使其存在危险性。绳索千万不要接触到化学物质，尤其是酸性、油性物质及汽油，这些都会在无形中破坏绳索的纤维。绳索出现以下情况应该立即停止使用并标记报废，例如曾经承受严重坠落、绳索内芯破损、绳索表皮破损或者是曾经接触过化学物质。

（9）绳索的清洗。首先，建议采用手洗方式对绳索、扁带、安全带进行清洁，对于绳索、扁带、安全带上难以清洁的污渍可以使用软毛刷清洗。如果选择机洗方式，建议将要清洗的绳索、扁带、安全带放入1只柔软的棉布口袋内，将口袋的开口处扎牢，然后再放入洗衣机的滚筒内清洗。还有一个问题是在清洗过程中要注意的事情，即在清洗绳索、扁带和安全带时水温应控制在20～30℃。

建议尽可能使用清水和软毛刷清洗安全带，使用绳索专用的无刺激性清洗液。

（10）绳索的报废。

第一，所有的绳索、扁带购置三年后应强制报废。

第二，所有的绳索、扁带一旦接触腐蚀性的液体和固体，必须登记报废。

第三，所有的绳索、扁带一旦被火灼烧或烫烧必须登记报废。

第四，所有的绳索、扁带与尖锐物直接接触后，出现切割和起毛现象需登记报废。

第五，绳索正常使用冲坠 700 人次必须强制登记报废。

4. 扁带（webbing tape）

扁带不具备芯鞘结构所固有的缓冲性能，但是 100% 由尼龙制成的扁带，其延展性和缓冲性并不比一般的静力绳差，这是由尼龙的物理性质决定的。至于那些由 Spectra、Dyneema 等高强度新材料制成的扁带，则几乎不具备任何延展性与缓冲性。

扁带是连接硬件和主锁及保护绳很好的媒介，户外拓展训练中，扁带用来设置上方保护点连接主锁和绳索，还用来连接地面保护点和 8 字环、主锁与绳索，因为扁带的不可延展性和低延展性，在教练员设置保护点和拆卸保护点时作为教练员的自我保护使用。

5. 锁具（locks）和 8 字环（figure of 8）

（1）锁具和 8 字环的性能。锁具的使用简化了户外拓展训练开展的绳结烦琐性。从最早的铁锁到铝合金锁到现在使用的钛合金锁，户外拓展训练对锁具的选用均是根据登山技术的发展而发展，早期的铁锁坚固耐用、可承受 40 ~ 50 千牛的拉力，但是其重量大，与登山强调的"轻装前进"的思维相悖，随着科技的向前进步，慢慢在合金锁具中占据主要的地位。但是，因为户外拓展训练开展的高空项目地点离放置装备的地方不远，在很多的项目中仍然使用铁锁，而且那些与缆绳直接滑动连接的项目如独木桥、生死共存等项目的保护连接必须使用铁锁。

户外拓展活动中，保护绳是通过锁具连接在保护点上的，所以必须保证任何一只锁都能够安全地承受学员突然坠落时的冲击拉力。根据国际登联的坠落试验，保护绳索至少要承受 12 千牛的冲击拉力，由于绳索在锁具上制动摩擦，锁具的承受负荷应满足国际登联试验中保护绳索所承担的 4/3 倍。由此计算，锁具至少要能承受 16 千牛以上的冲击拉力。当前户外拓展训练使用的 CAMP 和 PETZL 的锁具纵向冲力拉力均在 16 千牛之上达到 25 千牛，8 字环的冲击拉力标准也为 25 千牛。

因为户外拓展训练中锁具使用大多为上下保护点和项目移动保护用的铁锁，使用锁具时必须按照以下步骤操作：首先挂上锁具，其次调整锁门朝下，然后拧紧锁扣或回位（自动锁），最后回松半圈后按压以下锁门检查是否锁牢。但是用两把锁具时必须保证两把锁的开口放下相异并且保证型号相同。

使用锁具时必须保证锁具是闭合状态，因为锁具在闭合状态才能发挥其力学性能，锁具开启状态只是其闭合状态能承受冲击拉力的 1/3，承受最大冲击拉力为 25 千牛，在开启状态的极限冲击拉力仅为 8 千牛，此时即便用两把也不能确保 16 千牛的极限冲击拉力。

一般情况下，只有铁质锁具能和钢管、缆绳等产生直接摩擦。所以使用时，锁具不能连接在一起以免撞击，但是因为 8 字环是闭合圈，在登山界和户外界，将同质地的主锁和 8 字环组合在一起使用，业内称为"黄金搭档"，通过主锁和 8 字环的连接组合，让 8 字环的功能发挥得更加彻底。

如前所述，在特定的场合，8 字环可以有 ATC、GUIGUI 等代替，但是在户外拓展训练中，建议还是以使用 8 字环为主。

（2）锁具和 8 字环的安全使用规则。

第一，锁具不得与钢管、钢缆、钢筋等直接接触连接，必须通过扁带软连接，钢锁可与钢缆直接连接。

第二，锁具勿与化学药品接触，尽量少地接触泥沙，锁具使用后应将其内沾染的沙石等杂物清除干净，清洗锁具时将其放在低于 40 ℃的温水中清洗，在清洗后应对锁门边轴处进行润滑，使用中应避免沙粒进入连轴处，自然干燥后按照相同样式收纳整理。

第三，锁具、8 字环每次使用后应检查磨损程度，钢锁和 8 字环磨损深度达 1/3 时应登记报废。

第四，切勿使锁具从高处摔向地面，否则其内部的破坏是肉眼看不到的；所有的锁具若从高于 1 米（含 1 米）的垂直距离下落至硬质地面或出现大力碰撞等情况，应立即登记报废。

第五，应在干燥、通风处储存，避免与热源接触，不要在潮湿处长期放置。

第六，主锁均遵循 CE 及 UIAA 标准。一般来说，主锁的使用率年限不应超过 5 年。

（四）绳索技术介绍

户外用绳大致有两类：一种是专门用于人身保护的保护绳；一种是用于一般性捆扎物品、系结物品的绳索。户外拓展训练所用到的绳索主要是前一种保护绳，因为户外拓展的高空项目主要是在保护绳下完成的。保护绳的基本作用是连接、拴挂和捆绑物体，因此，必须用到结绳的技术和不同的绳结。

户外和登山活动中结绳的方法有很多种，要掌握所有的结绳方法既是不现实的也是没有必要的，但是基本的一些绳结却又是必要而且对我们的生活大有裨益的。

户外拓展活动中所使用的保护绳都是尼龙材质的编织绳。此类绳索由内芯和外皮组成，内芯由上述芯鞘（kemmantle）结构组成，为更好地表述绳结的打法，现将绳索的各个部位的命名阐述如下：绳索两端的部位叫作"绳头"，习惯将远离自己的一端称作"绳尾"，绳头和绳尾之间的部位称作"主绳"，在打结时绳头弯曲部分我们称作"绳耳"，打结后形成的圆圈叫作"绳环"。

为了让绳子发挥它丰富的作用，人们发明创造了许多结绳的方法。要掌握下面将介绍的结绳方法，必须常常练习。

1. 单结（Overhand Knot）

单结是大家最熟悉而又最原始的绳结方法，一般多用于绳头打结及一些不重要的绳结。若想在绳子上打一个简单的结，当绳子穿过滑轮或洞穴时，单结可发挥绳拴的作用，除此之外，在拉握绳子时，单结可以用来防止滑动，而且它也可以用来作为当绳端绽线时，暂时地防止其继续脱线。然而单结的缺点是，当结打太紧或弄湿时就很难解开。

2. 多重单结（Multiple Overhand Knot）

多重单结增加缠绕次数，打成较大的结形。为了不让结打乱，须"边打结边整理"为重点所在。

3. 活索（Noose）

活索是一种简单的圈套结。拉紧绳子的前端即可做成一个圆圈，一拉绳子即可将结解开。

4. 双重单结（Loop Knot）

双重单结是为了做成一个圆圈的结。它的结法很简单，只要将绳子对折后打一个单结即可。

5. 固定单结（Overhand Bend）

固定单结的打法是将两条绳子的末端与末端重叠，然后打一个单结。

6. 连续单结（Series of Overhand Knots）

这是欲紧急逃脱时使用的结，其特征是在一条绳子上连续打好几个单结，但若不熟练，结与结之间很难做成等间隔。

7. 水结（Water Knot）

水结用在连接两条同样粗细的绳子上，是一种简单且结实的结。这种结主要适用于连接扁平的带子。打法十分简单，在一条绳子的前端打一个单结后，另一条绳子逆着结形穿过前面一条绳子的圆圈即可。具体步骤如下。

第一步：在一条绳子的末端打一个单结，尾端要留下充分的长度。第二步：将另一条绳子从前。第三步：两个绳子末端留下一定长度后，用力打成一个结。

8. 渔人结（Fisherman's Knot）

渔人结是用于连接细绳或线的结，虽然只是在两条绳子上各自打上一个单结，然后将其连接起来这般简单的结构，但其强度很高，也可以用在不同粗细的绳子上。具体步骤如下。

第一步：将两条绳子的前端交互并列，其中一条绳子像卷住另一条绳子般打一个单结。第二步：另一边也同样打上一个结。第三步：将两条绳端用力向两边拉紧。

9. 双渔人结（Double Fisherman's Knot）

双渔人结的打结步骤如下。

第一步：将渔人结的卷绕次数多增加一次后打结。第二步：另一边也同样打结，将两条绳端用力向两边拉紧。

双渔人结用在连接两条绳索等情况上，但其缺点就是结形大。

10. 8 字结（Figure-eight Knot）

8 字结的结目比单结大，适合作为固定收束或拉绳索的把手，打法十分简单易记，它的特征在于即使两端拉得很紧，依然可以轻松解开。

打法 1：一般最常使用的打法，适合用在绳索较粗时。

第一步：将绳端先行交叉。第二步：将一头的绳索绕过主绳。第三步：将绳头穿过绳圈后拉紧完成。

打法 2：适用于绳索较细时。

第一步：将绳端对折，并用双手握住。第二步：把对折部分朝箭头方向转两圈。第三步：将绳头穿过绳圈。第四步：拉紧两端打好结。

11. 双重 8 字结（Double Figuer-eight Knot）

双重 8 字结的目的是为了做个固定的绳圈。只要将绳索对折后打个 8 字结，便形成双重 8 字结。在绳索中部分打个 8 字结，然后将绳头顺着结从反方向穿过绳圈；同样也可以完成双重 8 字结。这个打法可以将绳索打在其他物品上，十分方便。由于双重 8 字结具备耐力强、牢固等优点，在安全方面非常值得信赖，经常被登山人士作为救命绳结使用。不过美中不足的是双重 8 字结的绳圈大小很难调整，而且当负荷过重、结被拉得很紧或是绳索沾到水的时候，想要解开绳结必须花费一番工夫。

打法 1：把对抓的绳索直接打个 8 字结，并且做成绳圈。

打法 2：利用双重 8 字结将绳索连接在其他东西时使用，具体步骤如下。

第一步：在绳索中部打个 8 字结。第二步：顺着结从反方向穿过绳索的末端。第三步：用力紧结，双重 8 字结完成。

12. 接绳结（Sheet Bend）

接绳结是连接两条绳索时所用，打法简单，拆解容易，可适用于质材粗细不同的绳索，安全可靠程度相当高。步骤如下。第一步：将一条绳索（粗绳）的末端对折，然后把另一条绳索（细绳）从对折绳圈的下方穿过。第二步：把穿过的绳头绕过对折的绳索一圈。第三步：打结。第四步：握住两端绳头拉紧结。

13. 布林结（Bowline Knot）

布林结是常用的结绳方法，又称称人结、织布结、共同结、套结等，可以代替安全带在救护人员（往上提升）时使用，将此结套在被救护人的胸间。由于它易结易解，现常用于固定绳结，如在攀岩上方保护时连接保护支点。另还有双布林结（double bowline）。

14. 保护绳结

使绳索之间或绳索与铁锁之间能够产生摩擦和滑动的绳结称为保护绳结。保护绳结可分为单环结和抓结两种。

（1）单环结用于沿主绳快速下降时的速度控制。

（2）抓结不受力时可沿主绳滑动，受力时在主绳上卡住不动。

15. 操作绳结

操作绳结用于特殊的攀登和下降技术中所采用的结法。操作绳结可分为双套结、中间结和牵引结三种。

（1）双套结（clove hitch）。通常应用在两端施力均等的物品上，适用于水平拉力之下。

（2）中间结（butterfly knot）。结组时可用中间结直接套在中间学员安全带上以起到保护作用。

（3）牵引结。在上方固定时利用凸出的岩石或树木作固定点，将主绳绕其一圈后，作牵引结固定。绳索的长端扔至崖下，短的一头与一辅助绳相连接，连接方法是打混合结。

上述内容主要就户外拓展所需要的安全装备和绳结技术进行了详细的阐述，因为户外拓展行业起源于户外，虽然与户外活动有一定的差异性，但是和远足、极限等户外活动存在极多的交叉区域，故此本节将就开展和组织户外活动所需的物件做一简单的阐述，其中包括个人穿着物件和个人装备物件。

（五）个人穿着用品

1. 服装

（1）冲锋衣裤。

（2）抓绒衣。

（3）排汗内衣。

（4）快干衣裤。

（5）羽绒衣裤。

（6）其他个人衣物。

2. 鞋袜

（1）徒步登山鞋。

（2）轻便运动休闲鞋。

（3）运动凉鞋。

（4）排汗袜子。

（5）普通运动袜。

（6）雪套。

3. 帽子、手套、眼镜

（1）遮阳帽。

（2）抓绒帽。

（3）薄手套。

（4）厚手套。

（5）眼镜。

（六）个人装备用品

1. 背包

（1）大背包。

（2）小背包。

（3）腰包或挎包。

（4）摄影包。

2. 野营

（1）睡袋。

（2）睡袋内胆。

（3）帐篷。

（4）帐篷地席。

（5）防潮垫。

（6）铝膜地席。

3. 照明

（1）头灯。

（2）手电。

（3）营灯。

（4）荧光棒。

（5）防风打火机。

（6）防水火柴。

4. 炊具

（1）炉头。

（2）气罐。

（3）套锅。

（4）小钢杯。

（5）烧烤炉。

5. 水具

（1）户外水壶。

（2）军用水壶。

（3）水袋。

（4）保温水壶。

（5）净水器。

（6）净水药片。

6. 通信

（1）手机。

（2）对讲机。

（3）GPS。

（4）求生哨。

7. 其他

（1）登山杖。

（2）洗漱包。

（3）个人卫生用品。

（4）背包雨罩。

（5）背包捆扎带。

（6）地图。

（7）小快挂。

（8）指南针。

（9）军刀。

（10）户外手表。

（11）头巾。

（12）防水袋。

（13）证件袋。

（14）小型望远镜。

（15）针线包。

（16）笔记本。

（17）备用电池及充电器。

（18）充气枕。

（19）护膝。

（20）药品。

（21）备用食品。

第二节　户外拓展训练的安全原则

户外拓展训练是在户外这样的开放性空间当中开展的，对于安全有着很高的要求，而安全保障也是开展训练活动的命脉和基础所在，只有保护好学生的安全，才能够保证户外拓展训练作用的发挥。所以在开始阶段需要严肃对待安全防护，处理安全和风险之间存在的关系，同时注意遵守和落实既定的安全指导方针以及安全准则，及时地防范风险。

安全对于户外拓展训练来说，不单单意味着要有健全的系统以及严密的制度，更应该成为思想认识体系当中不可或缺的要素，将其融入广大参与者的生活习惯当中，把安全作为首要原则。安全和不安全间根本不存在任何的过渡，只要踏出百分百的安全，就会进入到百分百的不安全当中。拥有实践经验的教师，只有在严格依照安全程序做好安全监管的情况之下，才可以确保整个户外拓展训练在良好的安全体系之下开展，维护好广大参与者的安全。

户外拓展训练选取的场所以及选用的器械都是非常特殊的，训练内容未知同时还涉及极为特殊的心理挑战内容，正是由于这些因素的存在，使得户外拓展训练带有一定风险，怎样做到最大化的安全保障，怎样让参与人员在身心方面感受到安全，是这门课程如何有效普及发展，并且步入学校成为学校课程体系当中一个需要解决的重要问题。

为了最大化地减少隐患和风险问题，在开展户外拓展训练的过程当中，需要遵照以下几个重要的安全准则。

一、双重保护原则

在设计课程当中需要涉及的安全保护项目都要开展双重保护演练之后才能够推进落实，以便保障每一种保护方法，都能够让学生在参与训练活动的过程当中得到安全保障。比方说在开展信任背摔活动的过程中，在各个环节都需要设置双重保护。在学生爬上背摔台之后，户外拓展教师必须将其带入到保护架当中，一直等到背靠保护架站立稳定并且绑上背摔绳之后，才能够把学生引到台边站稳。在后倒的过程当中，教师需要先对方向是否准确进行确认，在确认之后才能够松开背摔绳。倒下之后先是要队友的双臂接住，哪怕是体重很大的情况，也会落到队友弓步，不会落到地上，所以在底下接人的每一个成员都要弓步站立好。

二、器械备份原则

所有要用到器械保护的地方都需要设置好备份器械，以便保障绝对的安全。如跳跃冲击类的户外拓展训练项目，一定要有两套独立绳索，以便和主绳索形成保护和补充。空中单杠在实施保护时，需要在单杠前后各点打上保护点，有两条独立保护绳连接主锁，主锁锁门的另外一侧需要挂在连接点上来保障任何点都可以发挥绝对的保护作用，且都必须安置备份器械。例如：跳跃冲击性项目，必须有两套独立的绳索与主锁形成保护。空中单杠在进行保护时，需要在单杠的前后方各打一个保护点，两条独立的保护绳各自连接一个主锁，主锁锁门的另一侧挂在连接点上，确保其中的任何一个点都能起到保护的作用。

三、多次复查原则

全部的安全器械都必须坚持合理适用的准则，在设置完成之后还需要进行多次的复查，在实际操作当中还需要多次检查其中的部分保护器械，有效消除操作失误问题发生的可能性。比方说在开展高空断桥项目的过程中，在学生上去之前先要自己检查，之后还需要队长和队友再次检查，在到了断桥上后，教师需要检查安全带和安全头盔等是否佩戴完全和做到了科学佩戴。

四、全程监护原则

户外拓展教师针对项目开展过程当中有可能发生的安全问题，需要实施全方位的监护，以便消除安全隐患。比方说在做求生墙项目时，教师和安全监护人员需要始终监护活动开展的各个过程，一旦发现在活动实施当中部分学生出现了动作不恰当的情况，必须立即叫停并给予提醒和指导。在全程监护的过程中，除了要注重上爬队员之外，还需要关注墙上的队员，把全过程尽收眼底，以便做到心中有数。户外拓展教师对项目进行中可能遇到的安全问题进行全程监护，将隐患消灭在萌芽中。

另外，还有一些原则是在训练活动开展过程当中一定要严格遵循的，比方说在高空换锁的过程当中，要坚持先挂后摘的准则，此外在项目开展的环节还需要坚持互相保护的准则。只有确保在活动推进落实的过程当中做到了规范讲解与科学操作，才可以将安全准则落到实处，有效解决安全问题，让学生在安全的氛围之下享受训练活动带来的愉悦感以及有丰富的收获。

第三节　户外拓展训练对学员的要求

一、户外拓展训练的行为管理与要求

1. 纪律要求与奖惩

纪律是户外拓展训练活动组织开展当中必不可少的一项内容，特别是在团队性的训练项目实施当中，纪律不单单能够为任务的完成提供根本保障，还能够体现团队精神和团队协作效果。

（1）用正确态度面对课程是确保课程有序开展的先决条件。

（2）各个团队的队长在保障每节课前所有学生准时到达集合地点负有责任和义务。

（3）假如有同学迟到，一定要全员等待，除非是请假被许可。

（4）没有特殊情况有迟到、早退等问题，需要在归队之后对全队实施惩罚。

2. 生活安全与环境保护的行为要求与管理

安全要求是户外拓展训练要求当中的重点内容，有些时候安全问题的产生通常是由于生活习惯导致的，所以在参与训练的过程当中，需要对各个成员的生活习惯提出严格规范的要求。

（1）项目活动前不得饮酒。

由于户外拓展训练存在一些高空项目或者风险较大的项目内容，项目本身就有可能导致学生出现恐惧、心跳加速、眩晕等情况，如果事前饮酒，会导致以上表现加剧，同时还会增加身体各个器官的负担与压力，影响实际的判断、反应、分析和抵御风险能力的发挥，容易出现不可预知的风险与安全问题。

（2）项目活动期间严禁吸烟与用火。

全部用于保护的安全带以及保护绳都是用易燃材料制作而成的，有些时候可能是在火星下受轻伤，但是会给今后的应用者埋下安全隐患，甚至是带来不可逆转的损失。所以在整个活动过程当中，要对吸烟和用火的情况给出严格要求。

（3）提高环境保护意识，禁止乱扔垃圾和其他废弃物；不能够破坏训练场地周围的植物，而且在下课之后需要积极协助教师对场地进行整理与恢复。

3. 训练的行为要求与管理

在实际的训练环节，在教师的讲授示范以及严格要求保护之下，可以让每个参与者都获得优良的安全保护，但是假如不能够贯彻这些要求，极有可能酿成不良后果。

（1）在项目开展的过程当中，要避免不合时宜地打闹玩笑，以免发生危险。

（2）全部的器械和高空器材在没有得到专门教师或者其他专业人员指导的情况之下，不能擅自应用。

（3）在项目开展的过程当中，一旦教师要求停止某个行为，或者不能做某些动作，必须立即停止。

4. 活动结束后的行为要求与管理

户外拓展训练是在满怀激情、展现自己和融入团队的状态之下完成极具挑战性的项目。各个队员在差异化的项目认识和完成方面有着极大的差距，所以在实际训练的过程当中应该坚持求同存异的原则，给予他人充分的认同，要凭借助人即助己的精神，给予队友充分的帮助和支持。即使是做到这些，仍然有可能在完成训练项目的过程中遇到超出预想的事情。

有些人在完成高空项目的过程当中，能够迅速准确地完成。但是也有一部分人或者因为胆小或在夸下海口之后，多次尝试也不能够获得成功，有可能在颤抖当中慢慢前行，也可能哭着要求放弃。这些情况定会为大家留下深刻印象。假如在课程结束之后，反复提到这样的事情，甚至把这些事情当作是谈资和笑柄，是违背训练初衷的，而且也是对同学不负责任的一种表现。

部分项目对我们而言结果未知，在完成挑战之时可能会存在完全不一样的观点和看法，而这也是得到良好决策的根基，所以不能够错误地将其看作是对的表现，因为那样做是没理解拓展训练精神的表现。

对于一些项目，我们将重点放在活动的一个关键部分，面对教师提出的要求，不能够将解决问题的方法与技巧告知他人的情况时，我们需要积极保密，避免今后参与的学生在参与相同活动时失掉新奇感以及参与的价值。

二、参加户外拓展训练的安全守则

1. 迷路时

（1）赶快回到自己认识的地方，运用罗盘以及地图确定方位与目的地。在原地休息的过程当中，需要特别关注周围的标志和风景，避免一直走下坡地点，主要是因为下坡方向视野有很大的限制，而且也不容易分辨方向。

（2）在山路行驶的过程当中，可以用石头树枝胶带等做记号，行走在前方之人在遇到情况时需要做好标记，用来通知后面的人，设置的标志必须要安全显眼，避免做无意义的符号。

2. 遇到落石

有时不小心踏落石头，必须立刻发出提示，通知山下走来的人。一般而言，容易浮动的石头叫作浮石，通常情况下，浮石的颜色和周围相比更新一些，通过对其进行认真观察是能够辨别的，所以在实际行走过程当中需要防止踩到浮石。

3. 预知打雷和雷击

如果看到积乱云逐步增大，那么不久之后就会变成雷云，需要想方法，找到安全地点躲避，假如携带了小型收音机，如果在听广播的过程中听到了刺耳杂音，表明附近有雷击，同时忽然有大雨滴下落，也是打雷的预兆。

4. 避免雷击

（1）快速向低处跑去。

（2）离开树木高大或者枝繁叶茂的树林。

（3）远离铁路，同时去掉身上的金属物质。

（4）正在河流当中游泳的人必须立即上岸。

（5）避免多个人集中，要分散开来。

（6）如果附近有小屋或者是汽车，可以进入屋里或者汽车当中，但是要避免靠近墙壁，以免在发生危机之时经过墙壁传导到地面。

5. 身体不适时

（1）去掉不必要的束缚。

（2）根据脸色进行判断，如果呼吸疾病且脸色发红没有出汗，极有可能是发生了中暑，需要立即将不适人员抬到树荫下，并适当垫高头部。

（3）存在呕吐症状情况，需要俯卧将右手放在下巴处作为枕头，同时保证身心放松。

6. 植物刺伤或蚊虫咬伤

（1）用水冷却或者涂软膏，通过穿着长裤的方式能够降低受伤发生的可能性。

（2）在野外露营时，需要带好蚊香、花露水等常备物品，并将其涂抹在暴露的皮肤表面，避免用手抓挠。

7. 断水

断水的原因有很多，其中一种是没有水源可用，另外一种是没有干净的饮用水。野外时第一种情况通常是比较少见的，第二种情况更为多见，比方说周围山水有污染或者是泥沙。通常情况下可以用地气取水法、渗水法、人工净化法等方法获得可饮用的水源。

三、参加户外拓展训练的规则

1. 不要破坏自然界的平衡状态

自然界当中的植物存在着微妙的平衡关系，在一块非常狭小的空地当中，表面上看没有生物，事实上有生物正在此处活跃。在进入大自然的过程当中要避免破坏平衡，做到不折花木、不捕鸟兽，让大自然的规则在此处充分发挥作用。

2. 恢复自然界原有样子再离开

有些时候我们会看到人们在离开野外之后留下很多垃圾，甚至不堪入目，而正确做法是在离开之时做好全面清理工作，维持自然原有风貌，处理垃圾，掩埋临时厕所，带走不易降解的塑料制品，以便让后来之人仍旧可以在干净清新的大自然当中获得良好的身心享受。

3. 做好野外收拾工作

在洗刷碗盘时要尽可能地避免使用洗洁精，特别是不能够在河中漂洗，被化学剂污染的物品避免对水源带来污染。在做好餐饭之后，要尽可能地将其吃干净，避免残留，假如制作数量较少，可以用其他食物充饥。对于其他的垃圾如果不能够焚烧处理则需要将其埋掉。对于不容易降解的塑料和玻璃管，需要用袋子将其装走。在烹饪时用火必须小心谨慎，在临走时需要检查火是否完全熄灭，需要多次浇水，完全熄灭之后才能够离开。

四、参加户外拓展训练的注意事项与需要准备的物品

除了上面讲述的内容，参加户外拓展训练还有以下注意事项和需要准备的物品。

（1）从开始至结束，始终做好培训笔记。

（2）要求穿校服、运动鞋或旅游鞋，携带防寒外衣、换洗衣物。

（3）生活用品方面，要求自带床单、洗漱用品、拖鞋等。

（4）学习用品方面，要求携带笔和笔记本。

（5）要求使用双肩背包，带好手机并充足电。

（6）不许抽烟、喝酒。

（7）禁止携带照相机、摄像机及首饰和贵重物品，可以带少量钱。

（8）女生禁止披头散发，如头发过长请将其束好，可自备帽子。

（9）自备驱蚊用品、药品（如蚊香、绿药膏等），其他用品如方便袋、卫生用品等酌情自备。

（10）自带水杯或少量瓶装水。

（11）严禁下水，严禁玩火。

（12）一切行动听指挥，禁止单独行动。

（13）注意个人防护并相互关照，遇到险情及时报告。

（14）树立环保观念，不遗弃城市垃圾，保护周围的自然环境，严格遵照生活水源食、用分离原则。

在开始团队训练之前，还需要填写基本情况调查表。

第四节 户外拓展训练对学员的目标

为了确保训练项目安全顺利地开展，要对训练安全提出基本要求、目标及原则，以便于受训学员和培训师有所遵循。

一、安全性介绍

户外拓展训练是一种可以让人突破心理障碍，挖掘内在潜能的带有明显体验性特征的培训方法，借助学员参与各项经过合理设计的项目，磨炼团队成员的意志力，使其在参与活动的过程当中形成健全的人格和良好的团队协作精神。不过在活动的组织实施过程当中，需要特别考虑安全问题。

美国专业体验培训机构 Project Adventure，结合个人 15 年时间当中的受伤次数做了以下统计表，具体如表 5-1 所示。

表5-1 体验式培训与体育运动事故发生率统计表

活动内容	每百万小时活动的受伤数（人）
体验式培训	3.67
负重行走	192
帆板运动	220
定向赛跑	840
篮球	2650
足球	4500

由此观之，实际上户外拓展训练在很大程度上比散步还要安全，发生意外情况的可能性很低，而我们要真正达到这样的标准，必须要做好一系列的安全保护工作。

二、安全的目标

从严格意义上说，户外拓展训练安全目标需要包括以下几个方面。

1. 身体健康保障范围

不发生因训练项目导致的身体伤害，小到擦伤和运动上达到伤残和死亡。

2. 心理健康保障范围

不发生因为训练项目导致的持续时间，超出项目参与时间的不良心理，比方说惊吓、挫折、否定、怀疑等；因为心理问题导致的持续时间，超出项目时间的不良心理。比方说腹泻便秘、睡眠紊乱、神经头痛等。

3. 社会适应能力保障范围

不产生因为项目任务而引发的持续时间，超过项目参与时间的社会适应障碍问题。

户外拓展训练自引入我国后，历经十几年的发展取得了不少的成绩，尽管通过媒体能看到的相关事故有四起，其中三起严格来讲不属于我们户外拓展训练的范畴，而另一起户外拓展训练的伤害事故可以说是安全事故。因此从总的方面来讲，我国户外拓展训练安全工作可以说是卓有成效的。

但还应看到，无论初次还是曾经接触过户外拓展训练的人都会顾虑所做的活动项目是否安全，即便组织者做出什么样的说明或承诺，参与这项活动的学员存在的顾虑总是伴随到活动结束。这说明这项活动本身确实存在着一定的风险。如户外拓展训练中的信任背摔、高空断桥、空中单杠等活动确实让人感到惊险，但这些项目本身是让学员接受心理挑战，只要户外拓展训练设备质量合格，在操作上合规合理，体验风险并战胜风险就会产生一种美妙的感觉，增强战胜困难的信心和决心，使心理的承受能力大为增强。可以说，有风险存在是事实情况，绝对意义上的安全完全是臆想的。这个关系我们需要清楚地认识到，只有认识风险才能够尽可能地做好风险防范并将风险降到最低。

三、户外拓展训练安全的基本要求

安全是户外拓展训练的第一要素，实现安全保障必须满足安全的一些基本要求，具体内容如下。

（1）做到技术安全。技术源于人的掌握，户外拓展培训的组织实施者必须接受过严格的户外拓展安全技术培训，并持有各类国家专门机构颁发的技术资质证书。

（2）做到设施安全。所有户外拓展训练项目设施，都必须有专业公司按照相关国际标准设计施工，并通过专业验收，确保使用安全；同时，要由专业公司定期对设施进行检修维护。

（3）做到器材安全。户外拓展训练所用器材，必须使用国际著名品牌专业用品，要拥有CE（欧盟安全认证）和UIAA（国际攀登联合会）的认证。对所有器材的使用要严格遵守保养、检查、复查、备份、更换的规定。

（4）做到操作安全。所有户外拓展训练项目，均有严格的操作标准和规程，坚决杜绝随意性和不规范性的操作行为发生。安全对这样的训练项目来说，意味着健全的系统以及严密的制度，同时还是学校文化当中不可或缺的构成部分，已经融入到了训练组织实施者的生活与工作习惯当中。拥有丰富经验的培训教师严格落实安全程序和安全要求，进行监管以及指导。

四、户外拓展训练的安全目标与原则

开展户外拓展训练必须坚持安全重于泰山的理念，必须确定安全目标，即让安全成为我们训练方式的一种要求，因为安全和不安全间并不存在过渡，踏出百分百安全，就进入到了百分百不安全之中。怎样让参与者在项目活动当中得到更好的保障，怎样让他们在身心方面收获安全与安稳，是开展课程的关键。因此在户外拓展训练中实施100%的安全保障这一安全指导方针。

为了消除隐患、降低风险，必须遵循训练的安全原则如下：

（1）双重保护原则。安全保护的各个项目均要实施双重保护演练，确保不管选用哪种方法都可以保护参与者的安全。

（2）机械备份原则。全部安全保护工作在准备完成之后，还需要进行复查和多次检查，避免出现操作失误。

（3）监护原则。教师对项目当中可能出现的安全问题需要做到全过程的监护，将隐患和安全问题扼杀在萌芽状态。

在户外拓展训练中要按照安全目标的要求，坚持安全原则，在训练的全过程中树立随时随地的安全意识，消除物的不安全状态，消除人的不安全行为，控制不安全环境的因素，严格规范操作方法，保持完善的安全体系。

五、受训学员必须遵守的纪律

由于户外拓展训练存在着不确定性风险，对这项活动的安全工作提出挑战，因而需要从受训学员的行为规范抓起，在严的管理活动中确保活动的安全性。

在安全边缘进行挑战是参与者投入训练要经历的极有价值的方面，有效地规避风险，才能取得成功的体验。为了实现这一目标，就必须严格在户外拓展训练中的纪律约束，主要包括以下几个要求。

（1）培训过程中不允许带手机或其他通信设备，女学员也不要佩戴首饰。

（2）学员在受训期间严禁吸烟，在训练课前和受训期间严禁饮酒、使用毒品或其他任何违禁药品。

（3）没有教师的专门指导，不管是哪个参与者，都不能够擅自攀爬和应用各项器械，也不能够从事危险活动。在整个培训过程当中，参与者的行为自控是十分重要的，很多培训事故的发生就是参训学员没有在培训师许可的情况下私自活动发生的。

（4）在受训期间，除特殊情况外，学员不得外出。学员若外出，必须经由教练的同意。

（5）不允许携带培训班以外的人员进入训练场地。

（6）禁止摄像。

六、对受训学员的行为要求

（1）高空项目下保护不得少于4人。

（2）团队项目培训师不帮学员拿、取物品。

（3）学员需要剪短手指甲。

（4）如果是长发，需要盘到头盔的顶部。

（5）对于高空训练项目，学员身上的保护设施有相对独立的两个组成。

（6）高空项目上保护点必须由两套组成，每套之间相互独立、相互交错。

（7）超过1米的高度不允许直接跳下。

（8）在应用上升器时，需要保证其位置一直高于使用者腰部。

（9）安全保护器材严禁踩踏与扔掷。

第五节　户外野外急救常识

一、户外野外急救

野外无小事，哪怕是一个非常微小的问题，也极有可能酿成大的事故。特别是在野外出现突发性疾病或者伤者时，必须结合实际情况运用具有针对性的急救方法，接下来还需要想方设法地尽快把伤者送医。

1. 野外急救的目的

抢救生命，减少死亡率，避免疾病恶化，减轻痛苦和不良伤害，减少伤残。

2. 野外急救处理前观察

在具体处理之前先要对患者的全身进行全面观察，特别是要查看脸部、皮肤的颜色，查看是否有外伤和呕吐等症状。或将耳朵靠近患者听听呼吸声，并掌握周围状况，进而判断伤病原因、疼痛部位及程度如何。

在这之后需要选取更为具体和细节的处理手段。特别是在面对呼吸弱或者出血量过多的情况，不管伤员是否有意识，都需要快速做好紧急处理，避免危及伤者的生命。在观察症状的过程当中，如果遇到症状恶化问题，必须依照急救方法立即施救，而且现场需要组织好对伤员的脱险救援工作，保证救护人员分工合作。

3. 野外急救方式

在实际活动当中出现外伤或者是突发疾病的情况多种多样，因此需要运用多元化的急救方法以便及时处理。

如果患者陷入昏迷，必须保证其呼吸顺畅，调整体位。假如患者有呕吐症状，需要让其侧卧或者俯卧，避免呕吐物进入气管而引发窒息死亡的情况。如果遇到头部撞击的情况，也要让患者平躺，假如脸色呈青紫状态需要适当抬高脚部，如果脸色发红则要适当抬高头部。

患者体位应该是仰卧在坚硬平面上，假如患者取俯卧或者是侧卧，若情况允许，需要调整到仰卧位，并放在硬板平面上，以免给心脏带来压力。应将患者放在柔软物上，否则会影响胸外心脏挤压效果。

正确的翻身方法是抢救者跪在患者的肩颈部一侧，将患者的手臂向头部方向伸直之后把离抢救者较远的小腿放在近端小腿上，双腿交叉再用一只手托住后颈部，另外拖住远端腋下，让头部、颈部、肩部和躯干同时翻转成仰卧位，之后再将双臂还原。

1）打开气道

抢救者先要解开患者的衣领和衣扣，然后快速地把口鼻当中的堵塞物清除干净，保证呼吸顺畅。

呼吸道是气体进出肺部的必经之路，因为患者丧失了意识，舌肌和舌根状态发生变化，头部前倾会影响到咽喉气道，导致气道阻塞问题。可以用仰头举颌法打开气道，保证呼吸顺畅。头部后仰程度以下颌角和耳垂连线与地面垂直为准。

在这其中需要特别注意的是，在清除口腔异物的过程中要尽可能地缩短时间，保证气道开放过程在 3~5 秒的时间内完成，而且在实施心肺复苏的过程中要一直确保气道顺畅。

2）看、听、感觉呼吸

在气道保持畅通之后，抢救者需要利用简短时间查看患者是否有自主呼吸。检查方法是侧头用耳贴近口鼻，看胸前是否有起伏，听口鼻是否有气流声，感觉是否有气流吹拂面颊。

3）人工呼吸

假如患者不存在自主呼吸情况，必须立即实施人工呼吸，也就是口对口吹气，每次吹气量要在 800 毫升，时间为 1~1.5 秒。与此同时需要检查脉搏和心跳。抢救者需要通过摸患者颈动脉或者是肱动脉的方式，查看是否有动脉搏动。在检查过程当中必须动作轻柔，减少用力，为了提高判断的准确度，可以先后触摸两侧的动脉，避免同时触摸，以免影响血液供应的顺畅度。

假如患者不存在脉搏搏动，需要立即实施胸外心脏挤压术，每次挤压 15 次，速度为每分钟 60 ～ 80 次。挤压器和吹气需要控制在 15：2 并循环开展。在持续做 4 次或者是持续时间超过 1 分钟之后，要再次检查脉搏、呼吸和瞳孔等情况。

4）紧急止血

面对存在严重外伤的患者，抢救者还需要检查是否有出血严重的伤口，如果有伤口的话必须立即止血，以免失血过多引发休克和死亡。

5）保护脊柱

由意外伤害问题导致的严重外伤，在实际救治环节要加大对脊柱的保护力度，同时需要在医疗监护之下搬动，避免二次受伤，甚至是形成瘫痪和死亡。

4. 野外急救处理完毕

在完成紧急处理，把患者交给医生前需要做好保暖工作，以免导致症状恶化。接下来要联系救护人员和患者家属。原则上翻阅患者病历要在进行了充分处理之后，跟据患者的伤害情况和周围的环境来确定。但实际搬运过程当中，如果患者很累的话必须立即休息，注意病情。现场抢救时间较少，在面对危重患者时，必须遵照急救准则，同时要注意抓好重点。

5. 特殊状况处理

1）被毒蛇、昆虫咬伤

在野外时如果被毒蛇咬伤，会出现出血、红肿以及疼痛等表现，如果情况严重在数小时之内会死亡。此时需要立即用布条把伤口上部扎紧，避免蛇毒扩散，接下来需要用经过消毒的刀在伤口之处划开刀口用嘴吸出毒液。假如口腔黏膜没有损伤，消化液会进行中和，不必担忧中毒。假如是被昆虫咬伤或者是蜇伤，需要用冷水或者是冰块冷敷，然后涂抹氨水。假如是蜜蜂蜇伤，需要拔出刺之后再涂上氨水或者牛奶。

2）骨折

骨折或者脱臼的情况，需要先用夹板进行固定之后再进行冷敷。如果是从高处摔落下来并且伤到脊椎，需要把患者平坦躺到稳定的担架上，避免身子晃动，之后立即就医。

3）外伤出血

在野外准备食物的过程当中，假如被利器割伤，先要用干净水冲洗伤口之后，用手巾包住伤口。如果只是轻微出血，可以运用压迫止血方法，在1小时之后可以每间隔10分钟松开一次，确保血液流通顺畅。

4）食物中毒

吃了变质食物除了会发生腹泻腹痛症状之外，还可能会有发烧和神经症状，此时应该多喝饮料或者盐水，同时也可以运用催吐方法吐出食物。

6. 备用工具

1）饭盒

要尽可能地用铝质或者是钢质的饭盒，而且饭盒上要有把手。这是因为这一材质的饭盒是能够进行加热提水或化雪的。虽然塑料饭盒很轻，但是不能够满足加热要求，会限制其使用范围。另外金属盖饭盒可以作为反光镜用，在情况危急之时可以用其发出求救信号。

2）工具刀

在野外生活时配备多功能工具刀是有极大必要性的。

选用的刀具不一定要用丛林格斗刀，不过瑞士军刀是必不可少的工具，因为这个工具不仅仅集成常规的小刀、起子、剪刀，还有锯、螺丝刀、锉刀等，甚至还带有放大镜。

3）针线包

不管是在长征时期还是在现代军队的建设过程当中，针线包始终是军队在野外生存的必要用品。不过现代针线包在功能方面已经得到了拓展，不再是原本的缝补功能，因为针不仅能够用来挑刺，还可以在必要时做成鱼钩，甚至能够救命。

4）火柴

在野外这样恶劣的自然环境之下，携带拥有防风防水功能的火柴是至关重要的，如果没有这样的火柴可以自行制作。制作方法也是非常简便的，可以先把蜡烛融化，然后将其均匀涂在普通火柴上，在应用火柴的过程当中可以先除掉火柴头上的蜡之后再进行使用。为了进一步增强防风防水的能力，可以把制作完成的火柴放在胶卷盒当中。另外，不能够忽视的一个工具就是磷皮，用来擦火柴。

5）蜡烛

一小段蜡烛在野外生存和生活当中是有极大价值的。去到野外时携带的手电筒、头灯等现代照明工具会有电池耗尽的时候，等到没有电之后就会成为摆设，甚至是累赘。此时蜡烛就能够充分发挥其作用，用蜡烛除了可以照明之外还可以用来取暖和引火。假如将矿泉水瓶去掉底部之后，做成一个灯罩的话，就可以在野外拥有防风灯。

6）求生哨

求生哨实际上就是我们平常生活当中常见到的哨子，在野外时哨子是能够救命的。如果在野外遇到危险，可以利用哨声引来救援或者是吓走野兽，不过要是面对的是老虎等猛兽，则不能够发出声音。

7）铝膜

铝膜是 2 米 ×2 米的镀铝薄膜，通常有两种颜色，分别是银色和金色，不仅能够防风防雨，还可以通过将其连接起来形成凉棚，避免阳光直射。在天气异常寒冷的地点可以用铝膜包裹身体，用来维持体温。铝膜最为强大和显著的作用是能够反光，可以让救援人员快速发现。平时可将其铺在地上用来当作凉席。

8）指北针

哪怕是携带了 GPS 或者是手表当中有电子罗盘，一些原始指北针仍然是不可缺少的重要工具。那是因为野外谁也无法保障现代设备不出问题，此时最为原始和简便的指北针就能够让你找到回家的方向。

9）医疗胶布

不能够小看小工具，而医疗胶布就是一个看似不起眼但是却有突出价值的工具，也是最迅速的修补剂。在外衣划破或者是帐篷裂开的时候就可以用医疗胶布进行粘结。虽然医疗胶布的基本功能是用来粘贴纱布，但是通过发挥想象力可以将其应用到很多不同的场合，发挥超出想象的作用。

10）燕尾夹

燕尾夹是一个非常普通的办公用品，不过在野外时是可以发挥很大作用的。可以用燕尾夹夹住断裂的背包、带开线的裤子、掉底的鞋子，所以备上这样的工具是非常重要的。

11）铅笔

身处野外想要写东西要用什么笔？野外环境比较恶劣，因此可以选用铅笔，特别是 2B 以上的铅笔有着很强的实用价值。

12）几个瓶子

准备几个瓶子，分别放上食盐、水果糖、维生素 C，在特殊情况下它们对你的帮助将是无与伦比的。

二、野外生存技巧

野外生存，即人在住宿无保障的山野丛林中求生。下面介绍一些简单的野外生存常识。

1. 利用自然特征判定方向

在没有地形图和指北针等的情况下，要掌握一些利用自然特征判定方向的方法。

利用太阳判定方位非常简单。可以用一根标杆（直杆）使其与地面垂直，把一块石子放在标杆影子的顶点 A 处；约 10 分钟后，当标杆影子的顶点移动到 B 处时，再放一块石子。将 A、B 两点连成一条直线，这条直线的指向就是东西方向。

利用指针式手表对照太阳来判定方向。方法是：手表水平放置将时针指示的时间数减半后的位置朝向太阳，表盘上 12 时的刻度所指示的方向就是北方。

夜间天气晴朗的情况下，可以利用北极星来判定方向。寻找北极星首先要找到大熊星座，该星座由七颗星组成，形状就像一把勺子一样。当沿着勺边 A、B 两颗星的连线，向勺口方向延伸约为 A、B 两星间隔的 5 倍处，有一颗较明亮的星，就是北极星。

利用地物特征判定方位是一种补助方法。独立树通常南面枝叶茂盛，树皮光滑。树桩上的年轮线通常是南面稀、北面密。农村的房屋门窗和庙宇的正门通常朝南开。积雪通常是南面融化得快，北面融化得慢。

在野外迷失方向时，切勿惊慌失措，而是要立即停下来，想办法按一切可能利用的标志重新制定方向，然后寻找道路。最可靠的方法是"迷途知返"，退回原出发地。

在山地迷失方向后，应先登高远望，判断应该朝什么方向走。通常应朝地势低的方向走，这样容易碰到水源，顺河而行最为保险。

如果遇到岔路口的道路多而令人无所适从时，首先要明确要去的方向，然后选择正确的道路。若无法判定，则应先走中间那条路，即便走错了路，也不会偏差太远。

2. 复杂地形行进方法

在山地行进，力求有道路不穿林翻山，有大路不走小路，如没有道路，可选择在纵向的山梁、山脊、山腰、河流、小溪边缘以及树高林稀、空隙大、草丛低疏的地方行进。要力求走梁不走沟，走纵不走横行进，能大步走就不小步走。疲劳时，应用放松的慢步来休息，而不是停下来。攀登岩石时，应对岩石进行细致的观察，慎重地识别岩石的质量和风化程度。

攀登岩石的基本方法是"三点固定法"，即两手一脚或两脚一手固定后再移动剩余的一手或一脚，使身体重心上移。

攀登30°以下的山坡可沿直线上升。攀登时，身体稍向前倾，全脚掌着地，两膝弯曲，两脚呈外八字形，迈步不要过大过快。坡度大于30°时，一般采取"之"字形攀登路线。在行进中不小心滑倒时，应立即面向山坡，张开两臂伸直两腿，脚尖翘起，使身体尽量上移，以降低滑行的速度。

河流是山区和平原地区经常遇到的障碍。涉渡时，为了保持身体平衡，应当用一根竿子支撑在水的上游方向，或者手执重达15～20千克的石头。集体涉渡时，可三人或四人一排，彼此环抱肩部，身体最强壮的位于上游方向。

3. 野外猎捕的方法

野外生存获取食物的途径主要有两种：一种是猎捕野生动物；另一种是采集野生植物。下面仅简单介绍一下可食用昆虫和可食野生植物的种类及食用方法。

目前，人们可食用的昆虫主要有蜗牛、蚯蚓、蚂蚁、知了、蟑螂、蟋蟀、蜘蝶、蝗虫子、蚱蜢、湖蝇、蜘蛛、螳螂等。在万不得已的情况下，为维持生命，保持战斗力，继而完成任务，不妨一试。但是应注意，要煮熟或烤透，以免昆虫体内的寄生虫进入人体，导致中毒或得病。常见的昆虫食用方法有：蝗虫，浸酱油烤着吃，煮或炒也可以；螳螂，去翅后烤或炒，煮也可以；蜻蜓，干炸后可食；蝉，生吃或干炸，幼虫也可食；蜈蚣，干炸，但味道不佳；天牛，幼虫可生食或烤；蚂蚁，炒食，味道好；蜘蛛，除去脚烤食；白蚁，可生食或炒食；松毛虫，烤食。可食野生植物包括可食的野果、野菜、藻类、地衣、蘑菇等。对可食野生植物的识别是野外食物知识的主要内容。我国常见的可食野果有山葡萄、笃斯、黑瞎子果、茅莓、沙棘、火把果、桃金娘、胡颓子、乌饭树、余甘子等，特别是野栗子、椰子、木瓜更容易识别，是应急求生的上好食物。常见的野菜有苦菜、蒲公英、鱼腥草、马齿苋、刺儿草、荠菜、野苋菜、扫帚菜、菱、莲、芦苇、青苔等。野菜可生食、炒食、煮食。但是，一般人需要在专家指导下经过一定时间的训练才能掌握可食野生植物知识，这里介绍一种最简单的鉴别野生植物是否有毒的方法，供紧急情况下使用。将采集到的植物割开一个小口子，放进一小撮儿盐，然后仔细观察原来的颜色是否改变，通常变色的植物不能食用。

4. 获取饮用水的方法

生命离不开水，水要优先考虑，以下介绍几点知识。

（1）找水源首选之地是山谷底部地区，高山地区寻水应沿着岩石裂缝去找，干涸河床沙石地带往往会挖到泉眼。

（2）在海岸边，应在最高水线以上挖坑。

（3）饮用凹地积水处的水时，必须做到消毒、沉淀后煮沸饮用。

（4）通常雨水可以直接饮用。

（5）在一段树叶浓密的嫩枝上套一只塑料袋，叶面蒸腾作用会产生凝结水。

（6）跟踪动物、鸟类、昆虫、人类踪迹找到水源。

（7）竹类等中空植物的节间常存有水，藤本植物往往有可饮用的汁液，棕榈类、仙人掌类植物的果实和茎干都含有丰富的水分。

（8）在干旱沙漠地区利用下述方法能较好地收集到水。在相对潮湿的地面挖一个大约宽90厘米、深45厘米的坑，坑底部中央放一集水器皿，坑面铺一层拉成弧形的塑料膜。光能升高坑内潮湿土壤和空气的温度，蒸发产生水汽，水汽与塑料膜接触遇冷凝结成水珠，下滑至器皿中。

5. 野外生火的方法

火有很多用途。火苗释放热量产生暖意；可以烘干衣服；被火熏过的肉食可以较长时间保鲜；可以吓跑危险的野兽；火的烟雾可以驱走害虫……那么如何在野外生火呢？

首先是要寻找到易燃的引火物，如枯草、干树叶、棉花等。其次是捡拾干柴。干柴要选择干燥、未腐朽的树干或枝条。要尽可能选择硬木，燃烧时间长，火势大，木炭多。不要捡拾贴近地面的木柴，贴近地面的木柴湿度大，不易燃烧，且烟多熏人。接下来是要清理出一块避风、平坦且远离枯草和干柴的空地，将引火物放置中间，上面轻轻放上细松枝、细干柴等，再架起较大较长的木柴，最后点燃引火物。火堆的设置要因地制宜。也可利用石块支起干柴，或把干柴斜靠在岩石壁上，然后在下面放置引火物点燃即可。最后，点篝火最好选在近水处，或在篝火旁预备些泥土、沙石、青苔等用于及时灭火。

6.睡袋的使用

睡睡袋是有技巧的。在使用睡袋时,有很多外在因素影响睡袋的性能,下面这些条件的满足会帮助你睡得更暖些。

1)避风防潮

在野外,一个挡风防潮的帐篷能提供一个温暖的睡眠环境。一张好的防潮垫也能有效地将睡袋与冰冷潮湿的地面分开,充气式效果更佳,在雪地上需用两张普通防潮垫。在选择营地时,不要选择谷底,那里是冷空气的聚集地,也要尽量避开承受强风的山脊或山凹。

2)保持睡袋干爽

睡袋吸收的水分主要并非来自外界,而是人体,即使在极寒冷的情况下,人体在睡眠时仍会排出起码一小杯的水分。保温棉在受潮后会黏结而失去弹性,保温能力下降。如睡袋连续使用多天,最好能在太阳下晾晒。

3)多穿衣服

一些较松软的衣物可兼作加厚睡衣用,并将人与睡袋之间的空隙尽可能填满,使睡袋的保暖性加强。

4)睡前热身

人体就是睡袋的热量来源,如临睡前先做一小段热身运动或喝一杯热饮缩短睡袋变暖的时间。

7.常备急救箱

在野外,急救箱可以延长生命,务必随身携带。

① 绷带。不同宽度及质料的绷带用以处理不同面积及种类的损伤。布滚动条绷带适用于处理一般伤口。弹性滚动条绷带因其有弹性可应用于处理一般性拉伤、扭伤、静脉曲张等伤症。三角绷带可以全巾使用,或折叠成宽窄不同的绷带,通常承托上肢。

② 敷料。敷料主要用作覆盖伤口及吸收分泌物,流血及分泌物较多的伤口。

③ 敷料包。敷料包由棉垫和滚动条绷带组成。用棉垫覆盖伤口,用附带的滚动条绷带加以固定。

④ 消毒药水。龙胆紫用作加快伤口结痂,加快伤口愈合;红汞用作保护伤口并具有抗菌的作用;酒精和碘酒用作非黏膜伤口的表面消毒;双氧水用于受污染的黏膜或破损伤口消毒。

⑤ 棉花球。洁净的棉花球用于清洁伤口。

⑥ 消毒胶布。消毒胶布通常用来处理面积较小的伤口。

⑦ 胶布。胶布用来固定敷料、滚动条绷带或三角绷带。

⑧ 其他物品。其他物品包括眼药水、万花油、止血贴、清凉油、驱风油等。

三、野外宿营常识

1. 露营营地的选择与建设

露营营地的选择应遵循以下原则。

1）有安全水源补给

选择的露营营地有安全水源补给是完成整个穿越目标的关键。因此，在选择营地时应选择附近有溪流、水潭、河流、涌泉等有安全水源补给的地方。

选择好水源点后更要寻找好上上下下的取水路线，把取水路线平整好，可以方便漆黑的夜晚去取水，避免发生意外。露营不能选择在河滩上或者河谷中央扎营，也不能选择在河流转弯处的内侧扎营；平时看起来流量很小的一些溪流也不能选择为扎营营地，一旦下大雨甚至暴雨，很容易发大水或暴发山洪。

选择好露营点后要巡查周边情况，即：选择布设营地触发报警绳的范围；选择假如夜晚有意外情况出现的安全逃生路线；评估营地安全系数。

2）营地平整

决定了露营点后，将准备扎帐篷的区域打扫干净，清除不平整、带刺、带尖物的东西，全部挖除，同时挖布好排水沟。理想的营地应该是地面平整不潮湿，排水性好。

营地的选择要有充分的时间来考虑，所以每天必须过正午就开始留意线路上合适的营地位置选择，切不可在临近黄昏才开始选择营地。

3）背风背阴

野外扎营，背风背阴看似问题不大，但却是能否休息好，不影响第二天保持精力继续完成活动的大问题，尤其是在一些山谷、河滩上。另外背风也是考虑到野外用火安全与方便。帐篷拉门的朝向不要迎着风。

如果是一个需要居住两天以上的营地，在好天气情况下应当选择一处背阴的地方扎营，如在大树下面及山的北面，最好是早照太阳。如果白天休息，帐篷前面有山脊或者大树遮挡日出，帐篷里不会太闷热，可以睡个好觉。

4）远离危险

选择营地时不能将营地扎在悬崖下面，一旦山上刮大风时，有可能造成伤亡事故。在雨季或多雷电区，营地绝不能扎在高地上、高树下或比较孤立的平地上，这些地方很容易遭到雷击。露营时尽量选择靠近村庄、路边或者有房屋的地方扎营，近村的同时必定也是近路。

所有在扎帐篷区域里扎下的帐篷，门最好都朝同一个方向，扎帐篷的区域必须在野外用火的上方。在山野露宿有可能会遇到带有威胁性的动物或者坏人的攻击，可以在帐篷区域外用石灰、雄黄粉等刺激性物质围帐篷区撒一圈。

2. 露营的营地纪律

（1）帐篷搭建时帐篷进出口必须处于关闭状态，防止蚊虫等小动物飞爬进帐篷，影响晚上的睡眠。

（2）进帐篷休息时把登山鞋或徒步鞋鞋尖向外摆放好，除夜晚露营所需要的睡袋、枕头、衣服等物品外，其他物品必须收拾整齐放于背包里，摆放在帐篷出口的外帐帐檐里，这样如果夜晚有紧急情况发生时，起来就能穿上顺脚的鞋和衣服，背起背包就可以逃生。

（3）进帐篷睡觉前，养成良好习惯，把头灯放在随手可取的位置，匕首压在枕头底下。

（4）严格按照领队安排的作息时间值夜与休息，晚上休息至第二天起床收营的时间段内，严禁在营区大声交谈或者打闹，以免影响其他学员的正常休息。

（5）晚上在没有轻声唤醒帐篷内休息的队友前，不允许拉开队友的帐篷，以免惊扰到帐篷里面的其他人，使其误以为有人或者猛兽偷袭而导致意外事故发生。

（6）原则上混帐住在同一个帐篷里的学员尽量安排在同一个时间段守夜值班，免得半夜交班时唤醒接班学员影响到其他学员的休息。

（7）所有帐篷都属于公共装备，领队有权做出适当的分配。

第六章　户外拓展训练团队创造力模块

第一节　破冰模块

一、破冰的含义和作用

（一）破冰的含义

破冰意为打破人与人之间的人际薄冰，消除彼此的陌生感或成见。户外拓展训练是以团队为基础建立的，将团队作为组织形式完成一个个的挑战项目，克服一个个困难。这就需要整个团队有极高的凝聚力以及战斗力。假如团队缺少充分的团队归属感和责任感，这个团队是失败的团队，整个户外拓展训练也不会成功。因此"破冰"是整个户外拓展培训活动的开端，也是活动最重要的一个环节，是团队建立相互信任的最佳途径。破冰能否成功对整个培训是否能够达到预期的效果至关重要。

在户外拓展培训中，破冰主要包括三层含义：一是参训队员之间的关系解冻，团队的气氛、团队成员之间的关系达到一种融合的状态。二是参训队员对户外拓展训练本身的认识由不了解、有偏见、不重视，通过成功的破冰达到一种正确对待户外拓展训练的心理状态。三是参训队员与户外拓展培训师之间的关系由不认识、不信任、不放心甚至不接受（心理上），通过破冰对培训师产生正确的看法，认可和接受培训师。因此，破冰不只是做一两种活动那么简单的事，如果是两天一夜的训练，有效的破冰一般在第一天的前半天，即通过一段时间的磨合和接触，逐渐产生兴趣和依赖感。

（二）破冰的作用

在正式的培训开始前，会有一个破冰仪式，这个仪式是从古代航海前组织出航仪式发展而来的。起队名和确定队歌体现出的是本团队的精神，而队长则是带领整个团队的精神领袖。破冰的重要任务包括加强对拓展训练的认知，并划分成几个小组；小组当中的各个成员进行自我介绍，确定小组组长，明确队名、队徽、队训、队歌；组织热身游戏。其主要作用如下。

（1）把队员迅速分组，初步形成团队氛围。参加户外拓展训练的团队人员组成分别来自不同的工作岗位，彼此之间并不熟悉，隔阂在所难免。破冰过程通过旗人旗事项目以特殊的形式让团队在新环境中相互认识和了解。队员报道后，培训师首先进行一个破冰讲座，让队员了解训练计划、安全纪律及注意事项。接着按照一定的方法对队伍进行分组，每支队伍要讨论出本队队长，创作出自己的队名、口号、队歌和标志。要求每个小组的设计有创意、有特点。然后举行组队仪式，队长介绍设计创意，带领大家齐唱队歌、齐喊口号。在整个训练期间，项目以团队为单位进行，有时为了忘却身份，以自然状态投入竞赛，培训师还会要求每一名队员都给自己起一个代号。在这种氛围中，队员的集体主义精神得到了极大调动。

（2）通过简单的热身项目，使初步认识的队员再次彼此认识，增强了解，团队融冰。以小组为单位，进行热身游戏，使每个队员迅速融入团队中，积极为团队献计献策，短时间内迅速形成一个有机的互动整体。此类活动可以单独进行，也可以融入其他的活动中，如在每天跑操时，要求队员唱队歌，喊口号；在进行项目时，各小组之间可以比赛；在吃饭时，要求吃饭前必须唱队歌，哪队唱得好就先进餐厅等。

（三）破冰的方法

破冰时间的长短和效果的好坏与队员参训时的心态、心理预期以及队员的整体层次和素质都有着很大的关系。方法也是要有针对性地选择，比如，对于一些平时不常在一起的队员，他没有过多接触，所以在实际的破冰活动当中，就要积极运用能够活跃团队气氛的方法，设置有要求团队互动沟通，并进行一定肢体接触的项目。如果是团队职位层次较高，对户外拓展兴趣不大的队员，需要设置经典项目，利用几个项目的成功完成以及教练给予的高度评价让队员感受到户外拓展训练的意义和魅力。如果是队员由于某种原因对教练不信任，则要教练在训练中用真诚和尽心尽力来感化队员。总之，破冰的特殊作用，对户外拓展教师也提出了很高的要求，要求教师运用各种手段和方法使所有队员迅速热起来。

二、破冰流程

（一）问好、欢迎、自我介绍

大家上午好！欢迎大家来到户外拓展培训基地！（可以介绍户外拓展的问好方式：大家齐声回答——好！）首先做一个自我介绍：——（板书），是×××的培训师。

（二）导入户外拓展概念

从设问开始：什么是户外拓展？大家以前是不是听说过户外拓展训练这样的项目？

（板书队员回答：……讲一到两个小故事）

简要介绍几个户外拓展的经典项目

第一，（板书户外拓展名称：Outward Bound）。

第二，破冰项目。

（三）户外拓展培训的历史

第二次世界大战——船队——受袭——海员落水——生存的人——必须训练。

创始人：库尔特·哈恩于 1943 年在英国创立。在全球有超过 40 所，而我们亚洲总共有 5 所，我国香港早在 20 世纪 70 年代就已经有了户外拓展。

（四）户外拓展培训的项目和特点

户外拓展培训的项目包括：水上项目；野外项目；场地项目；室内项目。户外拓展培训的特点包括：不是传统培训；不是体育运动项目；不是"魔鬼训练"；不是游戏娱乐活动。

（五）户外拓展培训的意义

户外拓展就如同是一叶扁舟一般是离开平静港湾朝着波涛汹涌的大海方向行驶，迎接风雨和波涛的考验。

（板书：挑战自我、熔炼团队！）

★利用心理以及非智力因素让人的态度得以改变。

（六）团队的建设

（1）自我介绍。

（2）选队长、队秘。

（3）队名。

（4）队歌。

（5）队徽。

（6）队训。

（7）队旗和旗手。

（七）各队成果展示

介绍、队长、队徽、队歌、队训。

（八）注意事项

（1）禁烟禁酒。

（2）超过 1 米避免攀爬和直接跳下。

（3）保证环境和卫生。

（4）确保作息时间规律。

（5）要求广大参与者秉持认真的态度。

三、项目 1：直呼其名

1. 项目简介

这个游戏主要用来帮助大家记住彼此的名字，消除队员间的陌生感。这个项目的持续时间大致是 10~15 分钟的时间，而参与人数的数量不给出限制，但是如果人数很多需要将人分组，每个小组的人控制在 15~20 人。

2. 项目道具

各个小组有三个网球或者是较软的小球。

3. 项目操作步骤

（1）选择面积广大而又平整的场地。

（2）要求队员以小组为单位站成圆圈，每个人的距离大约一臂。

（3）某个队员大声喊出自己的名字，然后将手中的球传递给左边队友。队友在接到球之后也要这样做，并喊出自己的名字，将球传给左边的人，然后持续传递下去，一直到小球回到第一个人的手中。

（4）在拿到球之后，第一个人告诉大家要改变游戏规则，指出接到球的队员一定要喊出另外队员的名字之后将球扔给他。

（5）在几分钟之后的时间之内，队员就能够记住大部分成员的名字。到了这个时候再一次增加一个球，两球同时被扔来扔去，而游戏规则保持不变。

（6）在游戏进行到末尾阶段之后加入第三个球，其目的在于提高活动的热闹度。

（7）在游戏结束之后和解散小组前，要求志愿者在小组当中走一圈，然后说出各个成员的名字。

4. 项目安全

在扔球的过程当中需要控制力度，而最开始的扔球需要是速度慢的高球，以便给接下来的扔球作示范。

5. 项目变通

（1）假如有几个小组同时都在玩同样的游戏，可以在游戏过程当中交换一半队员来继续游戏。

（2）让队员随意更换小组而被一个新小组接纳的唯一条件是新成员在站立位置之后能够喊出自己的名字，以便其他队员把球扔给新队员。

6. 讨论问题示例

（1）你记住所有人的名字了吗？

（2）你在项目进行中记住其他人的名字有什么技巧吗？

（3）这个项目对你有哪些启示？

四、项目 2：缩小包围圈

1. 项目简介

这个任务属于不可能完成任务，不过这个任务会让参与游戏的人产生无数的欢笑，让整个小组活力满满，也让整个小组的氛围更加和谐融洽，并为接下来的训练活动打下良好基础。这个项目可以促使成员自然配合以及进行一定的肢体接触，让他们的害羞以及忸怩感完全消失不见。该项目时间大概为 5 分钟；人数不限。

2. 项目道具

无。

3. 项目操作步骤

（1）要求队员紧紧围成一个圆圈。

（2）让队员将胳膊搭在同伴肩膀上。

（3）告诉大家要面临艰巨任务。这个任务是大家向圆心迈三大步，另外要保持围好的圆圈不被破坏掉。

（4）在大家弄清游戏规则之后开始迈出第一步，在迈出第一步之后鼓励大家。

（5）接下来开始迈出第二步，而第二步之后极有可能就不必再想方设法地思考，要用怎样表扬鼓励的话了，因为当前大家的处境通常已经让人忍俊不禁了。

（6）在迈出第三步之后，其结果有可能是圆圈断开，不少队员倒在地上。虽然整个任务十分艰难地完成了，不过此项活动可以让大家开怀大笑，消除烦恼。

4. 项目安全

在迈出第三步时，需要特别注意避免部分队员摔得过于严重。

5. 项目变通

（1）假如参与人很多，可能要分成几个小组，然后再开展。

（2）可以让队员蒙上双眼来完成此项目。

6. 讨论问题示例

（1）大家对个人的身体空间有什么感觉？

（2）这对我们以后将要开展的游戏有什么影响？

五、项目 3：组建团队

1. 项目简介

这个游戏鼓励团队从培训之初就要团结起来。这个任务看起来简单，但是操作起来也有一定难度，尤其是对队员的脑力要求较高。项目要求将参与人员进行分组，各队确定队名、队长、口号、队歌以及设计队旗；该项目时间为大概 40 分钟；每组队员的人数以 15 ～ 20 人为宜。

2. 项目道具

旗杆，彩旗，画笔。

3. 项目操作步骤

（1）把人比较多的队员分成几个小组，每组人数控制在 15 ～ 20 人。

（2）每个小组在半小时的时间之内给团队选择队长，队长要带领队员参加以后的全部活动。在队长的带领下，给团队起一个名字，名字可以有实际意义，也可用符号代替。再根据团队的名称确定团队的口号、队歌，并设计一面符合自己团队风格的队旗。

（3）各团队在其他队伍面前展示自己的队名、口号、队歌以及队旗等。

（4）团队活动的整个过程要一直叫整个队的队名。

4. 讨论问题示例

（1）每个小组都起了哪些响亮的名字？

（2）起的名字是否可以准确描绘这个小组的特征呢？

（3）各游戏活动的开展有助于提升训练质量吗？为什么？

六、项目 4：走进绳圈

1. 项目简介

这个游戏活动在训练的初期阶段开展是再合适不过了，可以唤起成员的团队协作意识，让队员们能够自然地相处，消除拘谨和陌生感。该项目持续时间大致是 10 分钟，而参与的人数则不设限。

2. 项目道具

道具是一根长绳，在绳子的一端有一个能够移动的绳结，而绳子长短取决于参与这个项目的人的数量。

3. 项目操作步骤

（1）把绳子放在地上围成一个圆形，要求这个绳圈要大，确保全部队员都能够站立其中，而且仍然有较大的空间。

（2）要求队员站立在指导者一旁。

（3）在进入到这个绳圈之后，不能够触碰到绳子，要求双脚都在绳圈之内完全着地。开场白可以进行如下设置：请大家想象一下，现如今大家正在参观一个大的化工厂。正走到一半的时候，突然之间发现某液体从巨大容器当中喷涌而出，而你们也很快就被这样的不明液体包围了。一位工人朝着你们大声喊道，喷出的液体有极强的腐蚀性。哪怕是一滴液体溅在脚上或腿上，都有可能溅蚀到整个肢体。工人还告诉我说前面正好是一块安全区域，所以大家要立即进入到安全区。

（4）全部队员进入绳圈之后再出来。

（5）减小整个绳圈的直径，并给出说明：虽然能够因为处在安全区而免于化学物质的伤害，不过现如今又被困在了工厂的另外一个地点，只不过此时的安全区却变小了。

（6）队员要依照相同的规则进入到绳圈之中。

（7）在进入安全区之后再出来，接下来继续缩小绳圈的直径。

（8）重复上面的步骤，一直到广大队员要依靠彼此扶持，才能够挤进绳圈当中为止。

4. 项目安全

不能够让队员跳入到人群当中，或者是依靠抓住他人肩膀的方式让自己获得平衡。

5. 项目变通

（1）在整个游戏活动的过程当中，可以让全队都保持沉默状态。

（2）蒙着双眼做游戏往往会更为有趣，也可以让能够看得见的队员指挥其他蒙着眼的队员。

6. 讨论问题示例

（1）有人认为该游戏使他感到不自然吗？为什么？

（2）处于不同文化背景的人们对个人的身体空间有不同认识吗？

七、项目 5：松鼠与大树

1. 项目简介

这个游戏主要用来活跃气氛，让大家充分热身，融洽学生气氛，减少拘束感。该项目持续时间大致是 10 ～ 15 分钟，参与者的人数不设置限制，不过在人数很多的情况下，要把所有队员划分成几个小组，确保各个小组有 15 ～ 20 人。

2. 项目道具

无。

3. 项目操作步骤

（1）先对各个成员进行分组，以三人为一个小组，其中的两个人扮演大树，面向对方站好，然后伸出双手搭成圆圈，另外一个人则扮演松鼠，站在这个圆圈当中。

（2）老师喊"松鼠"，大树不可以动而扮演松鼠的人需要离开大树，选择其他大树。落单的人则表演节目。

（3）老师喊"大树"，松鼠就不能够动，而大树需要离开原有同伴，重新组合成一对大树，并且把松鼠圈起来，同样的，如果有人落单则要表演节目。

（4）老师喊"地震"，大树以及松鼠所有人都要打伞以及重新组合，原本扮演大树的队员也可以扮演松鼠，也就是可以进行角色互换，而临时人员也能够进入到这个队伍之中，如果有人落单则需要表演节目。

4. 项目安全

队员在跑动过程中要时刻关注自己以及队友的安全，注意不要摔倒。

5. 项目变通

在组织项目时可以要求男女队员搭配合理，这样可以使整个团队气氛更加融洽。

6. 讨论问题示例

（1）你在此项目中扮演什么角色？这个角色的挑战性在哪里？

（2）完成项目的技巧在哪里？

（3）你对这个项目有什么感受？

八、项目6：电波的速度

1. 项目简介

这个游戏速度快，而且非常简单，能够让小组保持协同工作的良好状态，提高小组凝聚力，促使各个小组不断地挑战与超越，并给小组带来欢笑。项目时间大概为15分钟；人数不限，越多越好。

2. 项目道具

秒表。

3. 项目操作步骤

（1）让全部的队员手拉着手，站成一个圆圈。

（2）随便在这个圈子当中挑出一人，让他的左手捏相邻同伴的右手。询问第二个人是否感受到了队友的捏手信号，此处将其称作是电波信号。告诉所有队员在接收到电波信号之后，需要立即将电波传递给下面的队友，而且要一直这样持续下去，一直到电波回到起点。

（3）告诉大家，教师要用秒表记录电波跑一圈要花费的时间，接下来宣布游戏活动正式开始并计时。告诉大家你将用秒表记录"电波"跑一圈所需要的时间。然后宣布游戏开始，并开始计时。

（4）告知大家把电波传递一圈耗费的时间，然后激励大家重新传递电波，希望此次可以加速。

（5）要求队员重复做电波传递的活动，并且记下每一次传递电波花费的时间。

（6）等到大家越来越熟练之后，则电波传递方向从顺时针变成逆时针。

（7）等到电波沿着新方向经过几次传递后，再次逆转方向，并且让队员紧闭双眼或者是背向圆心而站。

（8）在游戏即将结束时，为了增加游戏的趣味性，悄悄告诉第一个人，同时朝着两个方向传递，并且不能声张，看看这样的活动会产生怎样的效果。

4. 项目变通

可用其他方法进行电波信号的传递，比方说轻轻敲打或者是吹口哨。

5. 讨论问题示例

（1）为什么在突然间变化电波信号的传递方向之后，传递速度也会变慢？

（2）为什么在闭上双眼之后，电波传递的速度也会变慢？

（3）在电波朝着两个方向一同传递时，"电波源"对面队员们有怎样的感觉？

第二节　信任模块

一、项目 1：南辕北辙

1. 项目简介

这个项目是在队友当中建立信任的一种游戏活动，其存在的重要目的是让小组成员彼此信任，形成良好的团队协作精神。该项目时间大概为 30 分钟；人数不限。

2. 项目道具

每个队员一个眼罩。

3. 项目操作步骤

（1）大家彼此结成搭档，给每组发放一个眼罩。

（2）帮大家带到场地的一方，在场地另一方选择目标。

（3）每组要求其中的一个搭档蒙上双眼，另外一个人则跟在身后避免蒙眼的同伴绊倒或者是撞上障碍物，但是不能够给他指路或者是暗示应该往哪里走。在被蒙住眼的搭档觉得到了那个目标地时则停下来，两个人同时停下并且摘下眼罩，看看离目标地的距离是多少。

（4）两个搭档互换角色并对这个游戏进行重复，一直到全部的人都蒙过眼罩为止，然后询问为什么大部分的队员和目标距离那么大。

（5）给每一组再发一个眼罩，让大家在认真观察前方目标地之后都蒙上双眼，挽手共同走向目标地。

（6）在发现二人行动并不优于单人行动时，可以建议全部队员联合起来共同尝试一次。也就是让大家在认真观察目标地之后，均蒙上双眼，共同朝着目标前进，在感觉到达目标地之后全部停下。在停下之后，每个人都用一只手指向自己认为正确的方向，并用另外的手拿下眼罩。

4. 项目安全

确保地面上不存在任何的障碍物。

5. 项目变通

队员可倒退走向目标地，这样队员的体会会更深。

6. 讨论问题示例

为什么最后团队要比单人或一组更接近目标地呢？

二、项目 2：众星捧月

1. 项目简介

这个项目不必借助道具，也是锻炼彼此信任能力的一个游戏项目，可以让队员秉持团结协作的精神。项目时间大约为 40 分钟；人数在 20 人左右。

2. 项目道具

无。

3. 项目操作步骤

（1）团队分成两个纵列站立，保证两列队员肩并肩站起，并尽可能地靠近彼此。假如队员总数是奇数，则让其中的一位队员作为指导教师的助手。

（2）列队前的队员作为旅行者，让两队队员将旅行者举过头顶，沿着排成的两个纵列传送到队尾，这是一个可以彰显人多力量大的实力。等到旅行者到达整个团队的结尾部分之后，最后的队员需要举着他的身体缓缓下落，确保双脚安全落地。

4. 项目安全

如果情况必要，需要安排监护员。

5. 项目变通

假如参与活动的人相对较少，可以让前面队员传送旅行者之后，立马到整个团队的尾部接续。

6. 讨论问题示例

（1）你在面对这个游戏项目的过程当中最开始的感受是什么？
（2）游戏活动结束之后，你获得了怎样的感受？
（3）你被举着到达团队的尾部有怎样的感受？

三、项目 3：云梯

1. 项目简介

这个游戏存在的重要价值是让小组成员建立信任感，虽然整个项目设计非常简单，不过产生的效果却是非常显著的。项目的时间大致是一个小时，不过参与者的人数和时间长短也会影响到时间。人数通常是在 20 人左右。

2. 项目道具

10 ～ 12 根硬木棒或水管，每根长约 1 米，直径约为 32 毫米。

3. 项目操作步骤

（1）要求各个队员找到自己的一位搭档。如果参与总数是单数，可让剩下的一个人第一个爬。云梯由指导教师担当监护员。假如参与人数正好是双数，可以让其中的一个人爬云梯，另外的做对方监护员。

（2）为搭档发放木棒或者是水管，要求各个搭档面对面站立，全部搭档肩并肩排成两行。

（3）要求每对搭档都要握住这个木棒，保证木棒和地面呈平行状态，高度在肩膀和腰部，以便形成类似水平摆放的目的。每根梯线的高度可以存在一定的差异形成起伏。

（4）将选好的爬梯者带到云梯的一端，让他以此为开端爬到另外一端。在参与搭档人数数量较少的情况之下，可以让前端的人在爬梯通过之后快速跑到末尾部分站好，以便对云梯的长度进行延长。

4. 项目安全

一是要保证木棒或者是水管表面非常光滑，以免使爬梯者受伤。二是要确保每个人要紧抓木棒，避免在队友经过之时发生失手问题。

5. 项目变通

（1）可以对队形进行调整，形成弧形梯子。

（2）可以蒙上爬梯者的双眼。

6. 讨论问题示例

（1）爬梯前有怎样的感受？

（2）在爬过天梯之后有怎样的感受？

（3）在云梯之上有怎样的感受？

（4）在做梯子时有怎样的感受？

四、项目 4：信任背摔

1. 项目简介

这是一个个人挑战与团队合作相结合的项目。这个项目可以锻炼学生突破本能带来的心理和行为障碍，认识自我、强化自控、增强自信；促进学生之间的相互了解与信任，增强团队凝聚力，体现团队信任的力量；帮助学生了解彼此信任对于团队建设的重要性；培养学生换位思考的习惯，促进相互理解与体谅，减少团队内部矛盾。项目时间大约为 1 小时，人数在 20 个人左右。

2. 项目道具

高台及相关的保护设施。

3. 项目操作步骤

各队员均需完成，如有队员由于非身体原因坚持不做，视为团队未成功。

（1）全体队员先用队训加以鼓励，在指导老师的协助下爬上背摔台（台高1.4 米）。

（2）面对指导老师，侧对下面队员，先绑好手（绑手带长 1 米，宽 0.2 米，由棉布做成）。绑手的姿势是先让学生掌心朝下，双臂伸直，双手体前交叉，然后掌心相对，十指相互交握在一起，由内向上翻至胸前，指导老师用绑手带在其手腕处打带活端的平结。

（3）绑好手后，指导老师将队员身体转至背部正对下面的队员，立正站在背摔台边沿，脚后跟稍出背摔台约 1/4，做好背摔准备。

（4）倒下前，下面队员在做好接人的准备后应异口同声地对上面的队员说："准备好了吗？"该学生要大声回答："准备好了！"下面的队员再大声对上面的队员说："请相信我们！"上面的队员回答："我相信你们！"

（5）该学生直体倒下。倒的动作要领是：头略低，拳头抵住下颌，双肘夹紧，胸与腰挺直，臀部与膝盖都不要弯，下倒时重心上移，以肩的运行为身体的导向会倒得比较直。

（6）倒时，要注意以下几点：尽最大努力保护身体正直，双肘夹紧不要分开，双脚并拢，倒下后，控制双脚不要抬起；倒时不要扭头向后看，不要向下跳，不要向后跃出。

（7）队首的承接员接住跌落者以后，将其传送至队尾。

（8）队尾的两名承接员要始终抬着跌落者的身体，直到他双脚落地。

4. 项目安全

（1）任何时候，都不能让队员从 1.8 米以上的地方向后倒，否则跌落者的头或肩将比身体的其他部位先接触承接队伍，导致摔伤。

（2）必要时多安排几个监护员，监护员的数量取决于队员的组成状况。

（3）务必让承接员摘下手表、戒指或其他尖锐的物件；跌落者应掏空所有衣兜，解下带扣的腰带，摘下手表、戒指或其他尖锐的物件。

5. 项目变通

对于那些既成的团队，可以考虑给跌落者蒙上眼罩，增加游戏难度。

6. 讨论问题示例

（1）当你站在台上的时候，心里感觉如何？

（2）当你跨越心理障碍完成了挑战之后的感觉如何？

（3）在这项活动中，你认为最关键的地方在哪里？怎样才能帮助队员跨越心理障碍，做到他认为自己不可能完成的事情？

五、项目 5：一路声响

1. 项目简介

这个游戏能增进团队信任，最好在一个与外界隔绝的树林里进行。项目需要 1 小时左右，人数在 8 ~ 12 人。

2. 项目道具

给每个队员准备一个眼罩，选择一条长 200 ~ 1 000 米的林间小道。

3. 项目操作步骤

（1）所有队员都蒙上眼罩，直到游戏结束为止。

（2）队员蒙好眼罩后，指导老师致开场白。

（3）队员之间不允许说话，但是可以吹口哨、拍手或者采用其他方式同队友进行交流，而且每次交流时只能用手碰一名队员。解答完所有疑问后，拍拍一个队员的肩，示意他摘掉眼罩，跟你走开，不让其他人听到你们说话。告诉这个人他将充当向导，负责带领整个团队安全到达目的地，并且告诉他终点在哪里。

（4）把他带回队伍中，告诉队员们向导来了，准备出发。

（5）行程结束后，准备好咖啡或者午餐，给大家接风。

4. 项目安全

游戏过程中至少安排两位监护员，并且他们要始终保持警惕，防止队员发生不测。

5. 项目变通

可以要求向导在游戏过程中不能碰任何人，并且要在开场白中解释一下，这跟宗教信仰有关或者出于健康原因考虑。

6. 讨论问题示例

（1）当戴上眼罩开始行进的时候感觉害怕吗？

（2）在行进过程中当听到向导的声音时你的第一反应是什么？

（3）整个项目完成下来，给你感受最深的是什么？

六、项目6：地雷阵

1. 项目简介

这个项目有助于建立小组成员间的相互信任，促进沟通与交流，使小组充满活力。项目时间大约为30分钟；人数不限。

2. 项目道具

每对队员一个眼罩；两根约10米长的绳子；一些报纸，使用对角线约60厘米的硬纸板、地板块代替亦可，用作游戏中的地雷。

3. 项目操作步骤

（1）选一块宽阔平整的游戏场地。

（2）安排不想参加游戏的人做监护员。

（3）让每个队员找一个搭档。

（4）给每对搭档发一个眼罩，每对搭档中有一个人要被蒙上眼睛。

（5）眼睛蒙好之后，就可以开始布置地雷阵了。把两根绳子平行放在地上，绳距约为10米。这两根绳子标志着地雷阵的起点和终点。

（6）在两根绳子之间尽量多地铺上一些报纸，或是硬纸板、地板块等。

（7）被蒙上眼睛的队员在同伴的牵引下，走到地雷阵的起点处站好。同伴后退到他身后2米处。

（8）致游戏开场白。

4. 项目安全

留意那些被蒙住眼睛的人，他们不知道自己会走到哪里去。

5. 项目变通

（1）这个游戏在室内进行时，可以使用胶带来标记地雷阵的起点和终点。

（2）可以使用诸如捕鼠器之类的物品来代表地雷。

6. 讨论问题示例

（1）哪个小组率先通过了地雷阵？他们的制胜秘诀是什么呢？

（2）做完了这个游戏，大家感受如何？你的同伴能做到指令清晰吗？

七、项目7：盲人足球

1. 项目简介

这个项目能够促进彼此的沟通与交流，培养团队合作精神，所需时间为30 ～ 50分钟。

2. 项目道具

2只足球；1只哨子；两种颜色的蒙眼布，每对搭档一块蒙眼布；一块比较大的游戏场地。

3. 项目操作步骤

（1）留出2 ～ 3个人做监护员。要求每个小组的总人数为偶数。

（2）每个队员在自己的小组内找一个搭档。

（3）根据蒙眼布的颜色给两个小组命名。假设是黄色和绿色的蒙眼布，那么把一个队称为黄队，另一个队称为绿队。把黄色的蒙眼布发给黄队，绿色的蒙眼布发给绿队。确保每对搭档拿到一块蒙眼布。每对搭档中只有一个人戴蒙眼布，另一个人不戴。

（4）告诉大家："我们即将进行一场别开生面的足球赛。每对搭档中，只有被蒙上眼睛的队员才可以踢球，搭档负责告诉向什么方向走、做什么。"

（5）详细解释游戏规则。那些被蒙上眼睛的队员保持类似于汽车保险杠的姿势——弯曲双肘，手掌向外，手的高度与脸齐平。在发生意外碰撞时，这种姿势有助于避免或减轻对身体上半部的伤害。负责指挥的队员不允许碰自己的同伴，只能通过语言表达指令。这场球赛中没有守门员，每个队踢进对方球门一个球得1分。指导老师是这场比赛的裁判。任何一队进球后，都要把球拿回场地中间，重新开始比赛。不允许把球踢向空中，任何时候，球都是在地面上滚动的。如果某个队员踢了高球，裁判会暂停比赛，并把该队员罚下场一段时间。如果球被踢出界了，裁判将负责将球滚回场地。比赛一共进行10分钟，中间休息，交换场地。

（6）宣布完游戏规则之后，让两个小组用投掷硬币的方法选择场地。场地定好后，把两个球放在场地中间。然后吹哨，开始游戏。用两个球意味着比赛中每个队一个球，各自为多得分而奋斗。

4. 项目安全

一是要确保那些被蒙上了眼睛的队员保持类似于汽车保险杠的姿势。二是不允许把球踢向空中。

5. 项目变通

（1）在中场休息的时候，可以让每对搭档互换角色。
（2）在参加人数较多的情况下，可以考虑用 3 个球。

6. 讨论问题示例

（1）哪个队取得了最终的胜利？哪些因素有助于该队最终取得胜利？
（2）被蒙上眼睛的队员感受如何？
（3）指令的清晰度如何？哪些方面还有待改进？
（4）这个游戏对我们的实际工作有何启发?

第三节　沟通模块

一、项目 1：盲人摸号

1. 项目简介

这个项目在沟通不畅的情况下，考验团队的默契程度和协调能力，每一位成员是否能够站好自己的位置是任务成功完成的关键。该项目时间大概为 30 分钟；人数在 10 ~ 20 人。

2. 项目道具

眼罩，号码牌，计时器或者手表。

3. 项目操作步骤

（1）通知学生穿着运动装。
（2）老师提前布置场地，清理四周危险物品。

（3）学生集合，以班级和小组列队。

（4）就活动规则中不明白的地方给学生 5 分钟提问和解答的时间。

（5）各小组研讨制定本小组的策略和目标，确定会合的地点、确认身份的动作等，时间为 10 分钟。

（6）学生集合列队、掏出随身携带的尖锐物品交给老师。

（7）宣布活动开始，学生保持安静，将双眼蒙上，并检查是否到位，完成后举手示意老师。

（8）将学生领至室内的任何位置，将提前准备好的数字告知，并询问确认是否记住，说话时尽量小声，避免被其他学生听到。

（9）老师以哨音宣布开始，全程保持安静。

（10）老师以哨音宣布结束，确认结果并汇总。

（11）小组分享感受，讨论收获，并指定专人记录。

4. 项目安全

在戴眼罩的情况下，学生很难保持平衡，要密切注视每一个人，保证不会摔倒或者发生意外。

5. 项目变通

过程中适度进行干扰（如拉动学生、给出错误的信息等）会使整个活动更有难度。

6. 讨论问题示例

（1）你是用什么方法来通知小组你的位置和号码的？

（2）沟通中都遇到了什么问题，你是怎么解决这些问题的？

（3）你觉得还有什么更好的方法？

二、项目 2：盲人方阵

1. 项目简介

这个项目要求所有的人都蒙上眼睛，只能通过声音进行沟通，将一条绳子围成最大的正方形。项目时间大概为 30 分钟；人数不限。

2. 项目道具

每个小组一根长绳，每个人一个眼罩。

3. 项目操作步骤

（1）先让大家手拉手围成一个圆圈，然后手放下。
（2）给学生发放眼罩，要求每个人都要戴上眼罩。
（3）当大家戴好眼罩后，手拉手顺时针、逆时针各转 3 圈，再左右自转 3 圈。
（4）指导老师把两条绳子分别给两名学生，但不要说给谁了。
（5）由两名学生分别组织队员用绳子围成最大的正方形。

4. 项目安全

检查地面有无石子等障碍物，防止绊倒。

5. 讨论问题示例

（1）你们在游戏过程中碰到了什么问题？
（2）哪些因素有助于成功完成游戏？

三、项目 3：三个进球

1. 项目简介

这个游戏说明了指令明确在协同工作中的作用，同时也考验发号指令者和听从指令者之间的沟通顺畅与否。所需时间 5 ~ 10 分钟，人数不限。

2. 项目道具

每个小组需准备 1 个大桶和 40 个网球。

3. 项目操作步骤

（1）邀请一个志愿者，让他和老师一起站在前面。
（2）让志愿者面向某一个方向站好，目视前方，不可以左顾右盼，更不能回头，然后把装有 40 个网球的袋子交给他。
（3）把大桶放在志愿者的身后，大桶与志愿者间的距离约为 10 米。
（4）告诉志愿者他的任务是向身后的大桶里扔球，要至少扔进 3 个球才算成功，而且不许回头看自己的球进了没有，落在了哪里。

（5）让其他队员指挥志愿者，告诉他如何调整投掷的力量和方向才能进球。

（6）等志愿者扔进了 3 个球后（这可能会颇费周折），问他是什么帮助他实现了目标，问其他队员是否也觉得很有成就感。

（7）引导队员就如何在工作中加强沟通展开讨论。

4. 项目安全

注意不要被乱飞的球砸到。

5. 项目变通

可以蒙上志愿者的眼睛，而且不让他正好背对着大桶，增加游戏的难度和趣味性。

6. 讨论问题示例

（1）哪些因素帮助你实现了目标？
（2）哪些因素增加了实现目标的难度？
（3）负责指挥的队员是否感觉好像自己进了球一样？
（4）如何才能更快更好地实现目标？
（5）这个游戏揭示了什么道理？

四、项目 4：千足虫

1. 项目简介

此项目要求队员像千足虫一样行走，用时最少者赢。目的是训练沟通能力，让整个团体形成统一的行动，形成真正意义上的协作和配合。时间要求 5 ~ 10 分钟，人数以 6 ~ 10 人为最佳。

2. 项目道具

无。

3. 项目操作步骤

（1）大家排成一条直线，面朝一个方向坐在地上。

（2）要求所有的队员将双脚搭在前方队员的双肩上，手着地。

（3）在脚不离开前面队友肩膀的前提下，向前移动几米的距离（具体距离由带队教练决定）。

（4）在相同距离内用时最少者为胜。

4. 项目安全

（1）选一个平滑、干净的地面是非常重要的安全任务。

（2）脚搭在前方队员肩膀上时注意保持与脸的距离，以防打到前方队友的脸上。

（3）注意这个项目很难保持平衡，要时刻关注队伍行进过程中的状态，提醒安全问题。

5. 项目变通

在这个过程中也可以设置各种各样的障碍，如不允许说话、不允许指挥等，根据实际情况灵活调整。

6. 讨论问题示例

（1）在这个项目进行过程中，你觉得最难的部分是哪里？

（2）如何做才能很好地保持平衡？

（3）你认为团队要做到协调一致需要哪些条件？

五、项目5：指点迷津

1. 项目简介

此项目在于增强人际间的沟通，建立队员之间的信任，并发挥队员的领导力，在空场地或礼堂都可以进行，时间为30分钟；2个人一组，参加人数可以根据队员情况确定。

2. 项目道具

每人一个眼罩，障碍物（如椅子，亦可利用场地现有的其他物体）。

3. 项目操作步骤

（1）每组中的一个队员先戴上眼罩。

（2）蒙眼者于指定时间内（10分钟）依照队友发出的指示完成指定路线（需要提前根据场地来确定），发指示的队员不可触碰蒙眼者的身体。

（3）角色调换，重复刚才的过程。

4. 项目安全

应注意蒙眼者的安全。

5. 项目变通

为了增加难度，可以多个人一组，一个人指挥，其他人行走。

6. 讨论问题示例

（1）蒙眼者对队友的信任感如何？
（2）发出指示者如何增强队友对自己的信心？

六、项目6：盲人作业

1. 项目简介

此项目意在让大家体验群策群力的成效，认识领导者的组织能力，并增强队员之间的沟通。适宜在没有障碍的空地上进行。时间为60分钟；人数以8～12人为一组。

2. 项目道具

1条长绳（35米长），每人1个眼罩。

3. 项目操作步骤

（1）由队员推选1名队长。
（2）其余队员戴上眼罩。
（3）指导老师向队长讲解指示：全组（包括队长）于限定时间内（30分钟）蒙着眼用长绳组成一个指定的图案。
（4）把长绳交给队长，为其戴上眼罩，并带领他回到小组里。
（5）队长以口述形式带领全组完成任务，注意队长不可触碰其他队员。

4. 项目安全

应注意所有蒙眼者的安全，确保地面没有任何障碍物。

5. 讨论问题示例

（1）你对突发事件的应变能力如何？
（2）是否有队员自荐担当队长的角色？
（3）此项目中的沟通有哪些技巧？

七、项目7：机器人

1. 项目简介

此项目意在启发创意，体验策划之成效以及非语言传递信号的技巧。活动时间为 60 分钟；人数为 10 ～ 12 人（宜多组以比赛形式同时进行）。

2. 项目道具

每组 1 个眼罩，每组 1 把椅子，供提取的物件若干。

3. 项目操作步骤

（1）用粉笔在地上画两条相距 10 ～ 13 米的平行直线，其中一边放有椅子，有几组参加便放几把。
（2）每组选出 1 人来扮演机器人角色。
（3）老师指示每组自行商议出 10 个不同的发声讯号，如拍一下手代表前进，拍两下手代表向左转等。
（4）机器人先坐在椅子上，并戴上眼罩。
（5）老师向每组展示将要提取的物件，然后放在活动范围内的某处，可同时摆放一些障碍物来增加难度。
（6）于限定时间内（30 分钟），机器人按照队友发出的信号去提取指定物件，再返回原位。

4. 项目安全

（1）应注意机器人的安全，如以绳作为障碍物，应该选择有弹性的，以免机器人被绊倒。

（2）要提取的物件不宜过重。

5. 讨论问题示例

（1）队员间的默契如何？

（2）如何应付外界的影响（如每组同时发出讯号时所产生的误会）？

第四节　挑战模块

一、项目1：传递呼啦圈

1. 项目简介

这是一个随时可用的、引人发笑的游戏，同时该项目也可以作为一个竞技项目在各团队间展开，目的在于培养整体观念。项目时间大概为 50 ～ 60 分钟；人数在 15 ～ 20 人。

2. 项目道具

每个小组 2 个大呼啦圈（尽可能用直径最大的呼啦圈）、1 只秒表、1 只哨子。

3. 项目操作步骤

（1）把队员们分成若干个由 15 ～ 20 人组成的小组。

（2）让每个小组都手拉手、面向圆心围成一圈。

（3）等每个小组都站好圆圈、拉好手之后，任意选一个小组，让其中两个队员松开拉在一起的手，把两个呼啦圈套在其中一个队员的胳膊上，再让这两个队员重新拉起手。对其他小组做同样处理。

（4）现在，让各个小组沿相反方向传递两个呼啦圈。吹哨开始游戏，同时用秒表计时。为了把呼啦圈传下去，每个队员都需要从呼啦圈中钻过去。两个呼啦圈重新回到起点后，本轮游戏结束。

（5）第一轮游戏结束后，通报各小组完成任务所用的时间。重新开始新一轮游戏，并告诉队员们这次请大家更快一些。反复进行 4 ～ 5 次呼啦圈传递，确保队员们知道需要一次比一次快。

4. 项目安全

如果有人身体的柔韧性较差不适合参加这个游戏，那么可以让这些人来计时，或是充当监护员。

5. 项目变通

（1）在每轮游戏开始前，给每个小组 1 分钟计划时间。

（2）让每个小组在开始新一轮游戏之前，事先确定出本轮游戏的目标时间。

6. 讨论论问题示例

（1）在游戏过程中碰到了什么问题？

（2）游戏过程中有无领导者或教练员产生？

（3）哪些因素有助于成功完成游戏？

（4）哪些因素使完成任务变得更加困难？

二、项目 2：带球赛跑

1. 项目简介

这是一个能够让人热血沸腾的游戏，可以使小组充满活力，体现合作力量，也可以作为一个团队竞争项目。项目时间大概为 40 分钟；人数不限。

2. 项目道具

每对参赛者一个气球，备用气球若干；两根绳子。

3. 项目操作步骤

（1）选一块宽阔平整的比赛场地。

（2）让每个队员找一个搭档。

（3）给每对搭档发一个气球。

（4）让每对搭档把自己的气球吹起来，绑紧气嘴。

（5）用两根绳子分别在赛场上标记出赛跑的起点和终点。起点和终点的距离至少为 20 米，越远越好。但是也不要走极端，如果赛程 100 米的话可能就有点太远了。

（6）让所有参赛搭档站到起跑线之后。

（7）告诉参赛队员们这里马上开始一场带球赛跑比赛，赛程是从起点跑到终点，再从终点跑回起点。第一个回到起点的小组获胜。

（8）带球的规则是：要自始至终保持气球完好无损；在赛跑的过程中不允许用手或胳膊拿气球；必须两人共同带球；赛跑的过程中气球不能掉到地上。

如果哪个小组犯规，该小组必须回到起点重新开始。

（9）让各小组就位，然后大喊一声："各就各位，跑！"

4. 项目安全

留心每一位参赛者，有些人可能会全神贯注地照看气球，忽视自身安全。要确保跑道上没有障碍物。

5. 项目变通

（1）可以 3 个人一组带球。

（2）比赛开始前，给每个小组一定的计划时间。

6. 讨论问题示例

（1）每对搭档都遇到了些什么问题？

（2）赛跑前多花一点时间计划是否会有助于获胜？

（3）如果重新跑一次的话，成绩会不会有所提高？

三、项目 3：袋鼠赛跑

1. 项目简介

这个项目是任何团队都能开展的有趣游戏，也可作为竞赛项目。目的在于活跃团队气氛，促进团队合作。项目时间大概为 30 分钟；人数不限。

2. 项目道具

每两个队员至少一个气球，两根绳子。

3. 项目操作步骤

（1）将两根绳子沿着场地某一边缘平行放置，相距 10 米远。

（2）大家互相结成搭档。

（3）给每对搭档发一个气球。

（4）让拿着气球的队员站在一条线上，他们的搭档站在场地的另一条线旁。

（5）让带球的队员把气球夹在膝盖之间，并且放好之后手不能再碰气球。

（6）解释游戏规则。告诉带球的队员，听到开始信号后，像袋鼠一样跳跃通过场地，到达对面的终点线时，将气球传递给搭档，交换气球后，由搭档夹着气球跳回起点。

（7）最先跳回起点的一对搭档获胜，在此过程中要求气球始终夹在膝盖之间。

4. 项目安全

密切注视每一个人，保证不要受伤和犯规。如果一人犯规，整个团队就会受到影响。

5. 项目变通

比赛结束后，给大家 1 ~ 2 分钟的设计时间，再重复一次游戏。

6. 讨论问题示例

（1）是谁最先返回起点的？

（2）什么因素加大了游戏难度？

（3）什么因素可使游戏更为简单？

四、项目4：机遇与挑战并存

1. 项目简介

这是一个非常轻松的项目，能够让学生尽快进入状态，活动起来，并获得一些乐趣。项目时间大约为 20 分钟；人数在 20 个人左右。

2. 项目道具

无。

3. 项目操作步骤

（1）所有的学生围成一个大的圆圈。

（2）每个学生向身体两侧自然伸开双臂。右手握拳，只伸出食指，指向右边，左手手掌展向左边并向上立起。

（3）每个学生的右手食指抵到右边同学左手的掌心。

（4）指导老师宣布：现在我要讲一个故事，当这个故事中出现"水"字时，你们所有人都要用左手尽量去抓相邻人的食指，同时尽量让自己的食指不要被别人抓住。

4. 项目安全

注意队员的指甲不要太长，否则容易出现问题。

5. 项目变通

可以选择戴眼罩进行比赛。

6. 讨论问题示例

（1）在自己的食指被抓住的时候是什么感受？

（2）当抓住别人食指的瞬间又被对方挣脱的时候有何感受？

五、项目 5：长生鸟

1. 项目简介

这是一个富有挑战性的项目，能让每个队员都参与到解决问题中来。项目时间大约为 30 分钟；人数在 20 人左右。

2. 项目道具

一棵枝干粗壮的大树或者一个结实又牢固的架子（用来悬挂绳子）；一条结实的长绳（绳子能拉起最重的队员）；一根长木杆或绳子（代表起点）；一个平台，这个平台要能承受 12 ～ 16 个人的重量。

3. 项目操作步骤

（1）悬挂一条摆绳，绳子要足够长，能使队员从起点摆动到平台上。

（2）计算好绳子的摆动区，即队员摆动时划过的最安全的弧线区域，在绳子摆动区一侧的地上放置一根长木杆或绳子，代表起点。如果用绳子代表起点，最好在地上立两个标桩，把绳子两端分别系在标桩上，并拉紧。

（3）把平台放在距起点约 4 米的地方，固定位置，因为队员们要从起点一端摆动到平台上。

（4）告诉周围的队员有 10 分钟准备时间。之后，他们将创造一个前所未有的世界纪录，看这个平台究竟能站多少人。要求任何人不能踩地，平台上的其他人也不能伸胳膊迎接或以任何形式协助队员站到平台上。为安全起见，队员们不能在平台上叠罗汉，只能通过绳子摆到平台上。任何人如果在摆动时不慎踩地，必须回到起点重新开始。

（5）经过 10 分钟的准备，让队员说出自己计划创下的纪录，然后鼓励他们尽量完成比赛。

4. 项目安全

平台的边缘要光滑而不能棱角分明，台面上也不能有钉子等危险障碍物。不允许队员们叠罗汉。

5. 项目变通

（1）蒙住几个队员的眼睛，游戏会很有意思，如果蒙上团队中天生具有领导才能的人的眼睛，游戏效果更佳。

（2）把平台固定在其他位置，使得队员们不能从起点沿直线摆动到平台上。

6. 讨论问题示例

（1）在活动过程中碰到了什么问题？每个人的任务是什么？

（2）是如何分工的？你们每个人都参与了吗？

（3）项目中团队是如何协同工作的？

六、项目 6：传染病

1. 项目简介

这是一个非常有趣的快跑项目，有助于活跃团队气氛。项目时间大约为 30 分钟；人数不限。

2. 项目道具

一处宽敞的场地，一个网球。

3. 项目操作步骤

（1）这个项目类似于捉迷藏。首先让一名队员当感染者，其他的队员尽量避免被传染。任何队员只要被感染者接触，就算被传染，然后他的手就和感染者的手粘在一起，并成为一名新传染者，继续传染其他队员。重复前面的过程，直到最后一个人被传染为止。

（2）致开场白。

（3）给大家指出场地的边界。从口袋中拿出网球扔给一个队员，告诉他此球已经携带了病毒，碰到球的人就是感染者，项目开始。

4. 项目安全

密切注视粘连队伍，确保队尾的成员在活动中不会失去平衡。

5. 项目变通

当病毒感染到四个人以后，可以分裂为两组，每组两人。每组病人继续去传染别人，直到再次变成四人，重新分裂。

6. 讨论问题示例

（1）项目中谁是最后一个被感染的？
（2）对这个项目有何感想？

七、项目7：高空断桥

1. 项目简介

这是一个个人挑战项目。通过活动提高队员的灵活性，增强队员面对挑战和变化时应具备的生存能力和适应能力，从而提升队员的综合素质和无限潜能。项目时间大约为60分钟；人数不限。

2. 项目道具

在距离地面8米的高空搭起一座独木桥，而这座桥的中间却是断开的，间距1.2～1.4米；安全带、头盔、上升器和保护绳。

3. 项目操作步骤

（1）布置任务。每位队员从断桥的一侧跳跃至另一侧。

（2）说明规则。

（3）指导老师示范，带领队员原地练习桥上的跳跃，一字排开，逐个练习。

（4）介绍头盔、安全带、上升器的基本性能，以及使用方法、注意事项。

（5）每名队员上去前，全体队员给他加油鼓劲。

（6）队员来到桥上后先站在相对安全的位置，挂好铁锁，起跳前做好三重检查：队员自查安全装备（安全带、头盔、上升器）；安全员复查；指导老师再次复查，较胖的队员，指导老师要为其穿全身式安全带或大号半身安全带加扁带。

（7）所有队员从一开始就要将身上的硬物、易坠物品拿掉。

4. 项目安全

（1）事先了解队员病史。特别要关注有高血压和心脏病病史的队员，不能强求，务必保证安全。

（2）指导老师在断桥上也必须时刻关注下面队员的情况，或者多名指导老师分工合作，注意每位队员安全用具的穿戴、上升器的位置，提醒其他队员不要站在断桥的正下方，不要擅自攀爬器械。

（3）指导老师在帮队员时，如需换位，不得互换铁锁。

（4）从队员上来开始直至队员下至地面，指导老师要全程监控队员的安全。

（5）注意调节气氛，适时给队员以鼓励。

（6）在换保护时，严禁队员在高空中出现真空现象。

（7）随时根据队员的身体情况调整断桥的跨度。

5. 讨论问题示例

（1）在断桥上你是如何调整心理舒适区成功跳跃的？

（2）如何理解"断桥一小步，人生一大步"？

八、项目8：高空抓杠

1. 项目简介

这是一个个人挑战项目。每位队员利用上升器爬到距地面8米高的高空，爬上一块直径80厘米的圆盘，直立站好，双手张开，双腿起跳，抓到上方的单杠，最后利用上升器安全回到地面。帮助队员意识到恐惧是自己最大的敌人,要克服恐惧,果断出击,抓住机会,战胜困难,用平静的心情去面对人生的挑战。锻炼队员养成积极的思维模式,敞开心胸,放得开才能有效发挥自身的潜力。项目时间不限;人数不限。

2. 项目道具

抓杠架子(高 10 米),圆盘(高 7 米),单杠(单杠距离:男队员 1.6 米,女队员 1.4 米),动力绳,安全带,保护服饰,锁扣。

3. 项目操作步骤

(1)介绍项目名称和性质。

(2)介绍安全装备的穿戴和注意事项(边示范边讲解)。

(3)讲解在单杠上的动作要领,要点包括:眼睛往前看,不要往下看,深呼吸调整情绪;起跳时双腿伸出板面 2 ~ 3 厘米,略成弓步。指派除队长外的一名安全员,强调他和队长的职责,再让他们重述安全要点;交代每位队员上来前应得到大家鼓励,充电。

(4)关注队员上升过程,脚下要踩稳,一步步来,快到圆盘时,帮助队员腾出双手上圆盘。对队员进行技术指导和心理指导(胆小的要鼓励,犹豫的要引导,恐慌的要安慰);下来过程同样要给予关注,当其安全到达地面时,号召大家给予掌声,若时间允许,完成项目时,在场地喊队训、唱队歌。

4. 项目安全

(1)再次询问病史,若背摔时强调问过,可不必重复。

(2)保护衣、帽穿戴一定要正确、安全。

(3)单杠距离要视学生进行调整。

(4)下面进行保护的队员,注意力一定要集中。

(5)队员下降时,要注意身体与圆盘立杆不要相互碰撞。

5. 讨论问题示例

(1)有没有和队员交流克服恐惧的感受?

(2)是否有过虽然是个人的锻炼,但作为团队的一员,要为团队付出的信念?

第五节 合作模块

一、项目 1：趣味跳绳

1. 项目简介

这个项目是一个典型的团队活动，需要大家共同配合，看似简单的项目却蕴含着无限魅力。项目时间大概为 40 分钟；人数不限。

2. 项目道具

一条 15 ～ 20 米的长绳，一个较为开阔的平整场地，一块秒表。

3. 项目操作步骤

（1）选择两个队员摇绳，其余队员在绳的一侧站成一排，准备跳绳。

（2）请摇绳的两个人各握住绳子的一端，其他人要一起跳过绳子，所有人都跳过算一下。

（3）采用计时的方式决定胜负。

4. 项目安全

（1）提醒膝盖或脚部有伤者，视情况决定是否参与。

（2）场地宜平整宽敞，以免受伤。

（3）队员之间要协调好个人的位置，以免跳的时候相互间出现碰撞。

5. 项目变通

可考虑不同的跳绳方式，如每个队员依序进入。

6. 讨论问题示例

（1）当有人被绊倒时，大家分别发出的第一个声音是什么？

（2）发出声音的人中有刻意指责别人的吗？

（3）想一想自己是否不经意就给别人造成了压力。

（4）接下来我们应该怎么做，刚才的感觉才不会再发生呢？

二、项目2：动力火车

1. 项目简介

这是一个集体协作的项目，对整个团队的成员配合要求较高。其目的在于培养团队接受外来伙伴，使其尽快融入团队。比赛结束后一定要进行项目的分享，这点十分重要。项目时间大概为30分钟；人数不限。

2. 项目道具

2块木板（长4米、宽40厘米、厚4厘米，每间隔0.5米穿一根1.2米长的粗绳，共穿8根绳子），一处宽敞的场地。

3. 项目操作步骤

（1）分成2组，每组8人左右。整个比赛分3轮，每轮的要求不一样，两次率先通过终点的小组获胜。

（2）每轮比赛前给5分钟的练习时间。

（3）第一轮要求8人朝同一方向。

（4）第二轮要求4人朝前、4人朝后（位置不限）。

（5）前两轮可以有一人喊口令，也可以一起喊口令。

（6）第三轮要求4人朝前、4人朝后，但不能喊口令，只能默走。

（7）如果有队员掉下去，可以停下来等他上了踏板再继续走。

4. 项目安全

密切注视每一个人，保证不受伤和不犯规。如果有人跳下来，其他队友一定要停下来，等他上去后重新开始。

5. 项目变通

可以让部分队员戴上眼罩，增加比赛的难度。

6. 讨论问题示例

（1）让队员们体会团队中服从分配的必要性。

（2）培养领导者在团队出现紧急情况时尽快统一意志的能力。

三、项目3：飞越激流

1. 项目简介

这个游戏会使参加者思维活跃，热血沸腾。它重点培养团队的合作、沟通和计划能力。项目时间大概为50分钟；人数不限。

2. 项目道具

一棵枝权很高的大树（用来捆绳子）；1根粗绳子，这根绳子至少要能承受一个人的重量（以最重的游戏者为准）；两根4～6米长的木条，或是准备2根绳子和4个木桩（用来标记河岸）；一桶水（代表液体炸药），准备一些水备用。

3. 项目操作步骤

（1）选择一个高大粗壮的树权，在上面系上准备好的粗绳子。绳子的用处是帮助小组成员"渡河"。绳子要足够长，以保证游戏者能抓着绳子，从"河"的一边像荡秋千一样飞到河的对岸。

（2）根据飞越的方向，用道具确定河的位置和宽度。

（3）给每个小组的桶里装水，水满到距桶边2厘米或3厘米为止。

（4）分好小组后，致开场白。

（5）等所有小组都做完游戏之后，引导队员就团队合作、克服困难等话题展开讨论。

4. 项目安全

通常情况下，不允许在悬挂的绳子上打结，如果队员坚持这样做或者队员年龄较小时，可以考虑在绳子末端打一个结，距地面1米左右。

5. 项目变通

（1）设置完成游戏的时间限制，告诉队员岩洞中的氧气仅能维持一段时间，必须在规定的时间内完成渡河任务。

（2）可以采用体育馆内的爬绳在室内开展此类游戏。

6. 讨论问题示例

（1）在游戏过程中碰到了什么问题？

（2）哪些因素有助于成功完成游戏？

（3）你们遇到了什么困难？是如何克服这些困难的？

（4）游戏过程中有无领导者产生？这个游戏让你明白了什么道理？

四、项目4：捆绑行动

1. 项目简介

这是一个放松性的游戏，鼓励队员更好地相互了解，使队员们参与到一个具有创新精神的团队中来，让队员们从队友身上学到东西。项目时间大概为 40 分钟；人数为 10 ～ 20 人。

2. 项目道具

一根 30 米长的绳子（能够把整个小组捆五圈）；彩色飘带若干条；一条约 100 米长的小路，取决于障碍物设置的困难程度。

3. 项目操作步骤

（1）选定路线。事先把彩色飘带绑在树干或较低的树枝上，标出路线。

（2）所有人都站好，靠近，整个团队挤作一团。

（3）把绳子绕所有人捆五圈后扎紧，以不妨碍移动和呼吸为宜。

（4）整个团队沿着指定的小路前进。

（5）沿着小路前进时，每个人都要讲述自己独特的或者曾经参与过的引以为豪的才能或经历。当到达终点时，随意挑选队员转述别人讲过的话。

4. 项目安全

密切注视每一个人，保证不被绊倒。

5. 项目变通

（1）如果事先没有时间标出路线，可以口头告诉。

（2）如果确实想给团队一些挑战，可以蒙住眼睛开展游戏，同时多安排几个监护员。

6. 讨论问题示例

（1）游戏结束后，你有没有发现别人有什么强项？而这些强项以前你并不知道。

（2）对于团队创新，你有何认识？

五、项目5：顶针传递

1. 项目简介

这是一个比赛速度的竞争性游戏，有助于培养团队合作精神。项目时间大约为30分钟，人数为10～20人。

2. 项目道具

1包牙刷，1包顶针。

3. 项目操作步骤

（1）将队员分成若干个由5～7个人组成的小组。

（2）给每个队员发一把牙刷、一个顶针。

（3）让每个小组站成一排（或围成一圈）。

（4）让每个队员把牙刷叼在嘴里，直至游戏结束。

（5）把顶针交给每个小组站在队首的队员，让他把顶针套在牙刷上。

（6）把顶针由队首传到队尾。只允许用牙刷传递顶针，不允许用手碰顶针。

（7）第一个把顶针传到队尾的小组获胜。

4. 项目安全

注意不要让牙刷弄伤了。

5. 项目变通

（1）按照实际的工作团队划分小组。

（2）重复玩3轮，每轮游戏开始之前，给每个小组2分钟时间讨论战略战术，并且记录传递时间，看各小组是不是一次比一次传得快。

6. 讨论问题示例

（1）哪个小组第一个把顶针传到了队尾？

（2）哪些因素有助于成功地完成游戏？

（3）在游戏过程中遇到了哪些困难？是如何克服困难的？

六、项目 6：四足蜈蚣

1. 项目简介

你知道蜈蚣长什么样子吧？下面将要出场的是一只由 7 个人组成的"四足蜈蚣"，这是一种非常罕见的四足动物。项目时间大约为 20 分钟；人数在 20 人左右。

2. 项目道具

两根长绳（作为游戏开始和结束的标识线），一只口哨。

3. 项目操作步骤

（1）两根绳子平行放置，相距 10 米远。

（2）把队员划分成若干个小组，每组 7 人。

（3）划分小组后，所有队员来到场地的起始线后面。

（4）解释游戏内容。队员的任务是：7 人作为一个整体穿越场地，队员身体必须直接接触，并且不能借助外物连接在一起。一个重要的规则是：任何时候，每个整体只能有四个点接触地面，这些接触点可以是脚、手、膝盖或后背。如果游戏过程中，哪个队的接触点超过了四个，必须回到起点重新开始。

（5）给每个小组 10 分钟计划时间。

（6）游戏过程中有两次口哨声。第一次哨声提醒比赛将在一分钟后开始，第二次哨声表明比赛开始。

4. 项目安全

保证在游戏过程中采用正确的抬举技巧。

5. 项目变通

（1）可以把人数减至 6 人一组。

（2）可以增加游戏路线的长度。

（3）每组蒙住一到两个人的眼睛。

6. 讨论问题示例

（1）游戏过程中各组都采取了什么办法？

（2）起初，你们中是否有人认为这个游戏不能完成？游戏结束后，大家感觉如何？

（3）各组发扬团队精神协同工作了吗？怎样才能做得更好？

七、项目 7：月球散步

1. 项目简介

这个项目是让整个团队参加到一个具有竞争性的游戏中来，活跃团队气氛。项目时间大约为 30 分钟；人数在 20 人左右。

2. 项目道具

给每队准备两个气球，另外多准备一些备用；一只口哨和一块秒表。

3. 项目操作步骤

（1）让大家互相结为搭档。

（2）给每组搭档发两个气球，要求将其中一个气球充满气后扎口，另一个放进口袋备用。

（3）每组搭档带着充气的气球通过一条预先设有障碍的线路。哪组搭档最先到达终点，并且气球完好无损即为获胜者。要求气球始终飘在空中，不允许队员手拿气球前行。如果气球落地，必须回到起点，重新开始。如果气球爆裂，只能待在原地，拿出备用气球将其充满气后，继续前进。

（4）吹响口哨，游戏开始。

4. 项目安全

游戏的大部分时间里，队员一直仰望气球，因此务必保证地面上没有绊脚的东西。

5. 项目变通

为了增加难度，在第二轮比赛中可以要求每组搭档必须保持 2 个气球同时飘在空中。

6. 讨论问题示例

（1）哪组搭档最先完成任务？
（2）游戏过程中什么办法最有效？

八、项目 8：连体足球

1. 项目简介

如果队员们喜欢户外运动而不介意跑动较多，他们将非常喜欢这种游戏。这个项目可以使搭档之间以及团队各个成员之间协同工作，活跃团队气氛。项目时间大约为 30 分钟，人数为 10 ～ 20 人。

2. 项目道具

每对搭档两段绳子或类似物件（分别用来绑住两人的脚踝和腰），一只足球，一只口哨。

3. 项目操作步骤

（1）把整个团队分为人数相等的两组。如果总人数是奇数，让其中一人做助手。
（2）让队员们选择和自己身材相当的人组内结对。
（3）让搭档们把各自的脚踝绑在一起。
（4）每组选一对搭档，背靠背站立，并把他俩的腰捆在一起，作为每组的守门员。
（5）解释规则。两队开展足球比赛，分上、下两个半场，每个半场 15 分钟，半场结束时两队交换场地。比赛中队员们必须一直绑着脚踝，用三条腿踢球，按足球规则进行比赛。
（6）对疑问给以充分地解答后吹口哨，宣布游戏开始。

4. 项目安全

让不想参加游戏的人做边线裁判。

5. 项目变通

（1）下半场比赛时，可以把三个队员的腿踝捆绑在一起。

（2）可以让搭档中的一人蒙上眼罩。

6. 讨论题示例

（1）哪个队赢得了比赛？

（2）游戏中你们遇到了什么问题？

（3）搭档们是如何协调工作的？

第六节　挫折模块

一、项目 1：穿越蜘蛛网

1. 项目简介

这个项目的主要目的是培养团队合作精神；体会计划的重要性；增加沟通；体现协同工作在解决问题中的作用；学会解决看似难以解决的问题；提高团队在竞争激烈、复杂的环境中的创造力和快速应变能力；体验挫折。该项目时间为 40 ～ 50 分钟，人数为 10 ～ 20 人。

2. 项目道具

需要一块空地（野外最佳），用绳子编成的蜘蛛网一个，用来做报警铃的小铃铛。

3. 项目操作步骤

（1）指导老师先找一位领导及一位观察员，单独向领导交代任务并给他一份说明书。全体队员必须从网的一边通过网孔到网的另一边。在整个过程中，身体的任何部位都不得触网。每个网洞只能被过一次，即不能两人过同一洞。

（2）领导回到小组中传达指导老师的指令。

（3）指导老师及观察员观察各小组在听领导分配任务时的反应以及他们的计划能力。

（4）观察员记录小组在执行任务的过程中出现的问题，包括计划方面、沟通方面。

4. 注意事项

（1）指导老师的游戏导向一定要明确，在游戏开始的前半部分要严格，哪怕是一点点的触网动作都必须马上要求重来，而游戏进行到后半部分时，可以根据情况适当放松一点。

（2）指导老师要把握好时间。时间太长会使整个游戏不够紧凑，队员的参与程度会降低。

（3）指导老师要求通过蜘蛛网的队员为还没有通过的队员加油，彼此协作通过蜘蛛网。

（4）注意不要让游戏者从网洞中跌下来。

5. 讨论问题示例

（1）你们在游戏过程中碰到了什么问题？你们是怎样分析问题的？

（2）整个小组的运作是否有效？为什么？

（3）你们遇到了什么困难？哪些因素有助于成功地完成这个游戏？

二、项目 2：法柜奇兵

1. 项目简介

这个游戏目的在于让所有队员共同迎接挑战；建立小组成员间的相互信任；让队员们能够自然地进行身体接触和配合，消除害羞和忸怩的心理。项目时间为 40 ～ 50 分钟，人数为 10 ～ 20 人。

2. 项目道具

（每个小组）1 根约 6 米长的绳子，选取两棵相距约 5 米、直径在 150 毫米左右的大树。

3. 项目操作步骤

（1）在选好的两棵大树之间拉一根绳子，绳子距地面 1.5 米左右（注意要把绳子拉紧）。如果准备了橡胶蜘蛛，可把它吊在绳子中间，用以烘托游戏气氛。

如果可能会多次玩这个游戏，那么我们建议用一个直径约 15 厘米的木桩代替绳子。

请把系在两棵树之间的绳子想象成魔窟中的绊网，你们整个小组都要从绳子上面过去，而且绝对不能碰到绳子。如果有人碰到了绳子，整个小组都会被"毒箭射死"（重申一下，游戏成功的条件是从绳子上面过去，而且不能碰绳子）。

（2）如果有人在游戏过程中碰到了绳子，整个小组都必须重新开始。

4. 项目安全

注意观察每个队员的举动，同时仔细倾听。

5. 通目变通

如果需要加大游戏的难度，可以把一两名队员的眼睛蒙起来。

6. 讨论问题示例

（1）你们在游戏过程中碰到了什么问题？你们是怎样分析问题的？

（2）你们遇到了什么困难？是如何克服这些困难的？

（3）哪些因素有助于成功地完成该游戏？

三、项目 3：毕业墙

1. 项目简介

这是一个团队挑战项目，也属于户外拓展训练中最精华的部分。这个项目能让队员懂得个人目标与团队目标的关系，只有团队获得胜利才是真正的胜利，而且在完成任务之后可以极大地鼓舞队员的士气。

全队所有成员在规定的时间内翻越一个高 4.2 米的光滑墙面，在此过程中，大家不能借助任何外界工具，包括衣服、皮带、绳子等，所能用的资源只有每个人的身体。项目时间大约为 40 分钟，人数不限。

2. 项目目标

（1）提高危急时刻的生存技能以及安全意识和保护意识。

（2）培训团队内部及团队之间的凝聚力。

（3）民主、有效讨论，合理、快速决策，科学评估创新方案，勇于实践。

（4）认同差异，合理分工，学习最优配置资源。

（5）更深地感受信任和帮助的重要性，尝试完成不容易完成的任务。

3. 项目道具

高 4.2 米的毕业墙，安全垫子。

4. 项目操作步骤

（1）所有队员 40 分钟内爬过高墙，不允许借助任何外力和工具，包括衣服、皮带等。

（2）所有队员都要摘去身上的一切硬物，如手表、门卡、眼镜、钥匙、戒指、发卡等，穿硬底鞋、胶钉底鞋的队员必须脱掉鞋子。

（3）如果采用搭人梯的方法，必须采用马步站桩式，不要将身体靠在墙上，注意腰部用力挺直，用手臂弯曲推墙固定以保持人梯牢固。各小组要有人专门扶人梯队员的腰，可以屈膝用腿支撑人梯队员的臀部；攀爬队员不可踩人梯队员的头、颈椎、脊椎，只可以踩肩和大腿。

（4）让队员将衣服扎进腰带里，拉人时不可以拉衣服，拉手时要手腕相扣成老虎扣，不可直接拉手或者手指，不可将被拉队员的胳膊搭在墙沿上，只能垂直上提。

（5）不得助跑起跳，上墙时不可采用蹬走上墙的动作，上去后翻越墙头要稳妥。

（6）队员应该注意安全垫子的大小和硬度，注意垫上活动的安全性，避免扭伤脚踝。

（7）攀爬中，承受不住的队员可大声叫喊并坚持一会儿，保护人员应迅速解救。

（8）如攀爬者或者人梯跌落，保护人员在保护自己的同时应掌心对着攀爬者或者人梯，将其按在墙上，切忌按头。当攀爬者在较高的地方倒落或者滑落的时候，保护人员应上前托住；如攀爬者由高空向外摔出，保护人员应迅速顺势接住，将其轻放在垫子上。

（9）指导老师要大声讲解，细致强调，鼓励队员参与。

（10）如果队员尝试多次没有成功，指导老师应予以鼓励，适当的时候可提示一些技巧。

（11）队员尝试各种方法可能都会遇到困难，当他（们）要放弃的时候，指导老师应该予以提示。比如说：你们确定要放弃？现在放弃是不是很可惜？是不是方法不好？要不换人试试？如果在提示下队员还找不到办法，指导老师可以把方法告诉其中一个人，然后让队员自己沟通。

（12）毕业墙高于4.1米或者队员确实上不去的时候，指导老师可以给备用绳套，并指导使用方法或者给予其他帮助。

5. 项目安全

（1）检查海绵垫是否完好无损，上面是否有硬物；检查墙头是否松动。

（2）对于攀爬者、搭人梯者、墙上提拉者、外围保护者的安全。

（3）爬上墙头的队员不准骑跨墙头或者站立在墙头上，要注意墙后平台的范围，平台上不得超过30人。

（4）地面队员少于3人时，指导教师应该站在人梯后较近的位置适当辅以力量，应重点关注前3名和最后3名队员的攀爬过程，其余队员的攀爬可以提拉与托举并用，人梯不用过高。

（5）在"搭救"最后一名队员时，对下挂队员的安全要不断强调、监控，并要求队员讲出他们的安全措施。

（6）最后一名队员离地，脚上举或者做其他动作时，指导老师应站在队员的侧后方。如队员坠落，指导老师应顺势帮助其调整姿势并接住或者将其揽到垫子中间，队员必须休息一会儿再次尝试。

（7）有安全隐患时，指导老师应果断鸣哨或者叫停。

（8）指导老师不可参与到项目中，如充当倒挂者或者最后一人。

（9）当队员要搭两组人梯的时候指导老师应制止；当被拉队员出现困难而滞留空中或者下滑时，指导老师应果断提示队员再搭上一层人梯，或者提示中间队员向一侧抬腿，上面的队员抱腿。最后一人攀爬的时候，无论采用什么方法都要听中间队员的感受，中间队员认为不行应立即停止，不可长时间尝试。

（10）如队员采用倒挂方式，指导老师应问清队员采用的方法和安全措施；面向墙壁倒挂时应提醒队员腰部以下不得伸出墙外，要有专人拉他的双腿；面向外倒挂时提示队员注意动作，如将小腿压在墙头，膝关节内侧卡在外沿，大腿压在墙面上，腿下不得有手臂，后倒动作要慢，压腿的队员不得去拉最后一名"被救者"。

6. 项目分享

（1）没有个人英雄，再强，一个人也上不去；再弱，通过协作都能上去。

（2）充分发挥个人潜能，感受团队激励。只有通力协作，相互提携，我们才能够一起达到共同的目标。

（3）充分相信团队，相信自己和伙伴能够成功，通过相互合作来发现对方及自己的长处，并利用长处来弥补自己的短处。

（4）在复杂环境中迅速找出解决问题的关键所在。

（5）学习前人的经验，找到自己的方法，培养责任感。

（6）除非你自己选择放弃，否则没有任何人可以让你失败。

四、项目4：挑战150

1. 项目简介

这是一个以团队为中心的组合竞技项目，项目基本包括不倒的森林、能量传递、集体跳大绳、击鼓颠球等。这个游戏需要团队成员紧密配合，在整个游戏过程中不能有任何失误，任何人的一个小失误，都会使游戏失败。各组每次操作项目的人数为 12 ～ 20 人，每人至少参加一项，每次操作项目的队员由各队自行选出，可以要求尽量多的人参与。

2. 项目道具

（1）不倒的森林的道具：10 根 1.2 米长的 PVC 线管或竹竿（以下同）。

（2）能量传递的道具：10 节直径 125 毫米的 PVC 管材，一个乒乓球或网球，一个纸杯。

（3）集体跳大绳道具：一根长 10 米、直径 1 厘米左右的绳子。

（4）击鼓颠球道具：一只均匀等分 12 ～ 16 根拉绳的鼓（或由有机玻璃板替代，要求板厚 5 毫米，直径 45 厘米，四周均匀钻孔，孔直径 10 毫米，距离板边 2 厘米）；一个排球。

3. 项目要求

每组以最快时间操作完成全部项目，项目的先后顺序不做要求，最后以各组操作项目的整体时间排名次，要求最长时间控制在 150 秒以内。

4. 项目操作步骤

A. 不倒的森林

（1）操作项目队员站成一个圆圈，队员之间保持 50 厘米的间距。

（2）队员需要将手表等物品取下，以确保安全。

（3）队员每人右手拿一根 PVC 线管或竹竿，将其立在地面上，用掌心按住 PVC 线管或竹竿最上面的一端。

（4）队员成跨立姿势站好，右手按住 PVC 线管或竹竿的上端，左手靠在后背上，面向圆心。

（5）安排点时间给队员做一下练习。练习完毕之后，所有人围成圆圈，等待项目操作。

（6）由其中一名队员统一指令"1、2、3 跳"，所有人向一个统一的方向跳动一次（脚步移动一步到位，不触地），松开自己手下的 PVC 线管或竹竿，并迅速按住左边或者右边队员的 PVC 线管或竹竿，可以根据人数要求队员完成 N 次跳动，通常与队员人数相同。

（7）也可以将一组队员临时分成两组操作该项目，一组操作，另外一组在操作组队员的后面或身边站立。操作组在移动的时候，迅速向一边跳动并将手离开 PVC 线管或竹竿的上端，而由第二组队员在同一时间跳上前按住 PVC 线管或竹竿，并整体向一个方向移动。如此往复，可以根据人数要求队员完成 N 次跳动，通常与每组学生人数相同。

（8）操作过程中，队员不允许抓 PVC 线管或竹竿，同样 PVC 线管或竹竿不能倒地，抓线管（竿）或线管（竿）倒地之后要重新开始该项目。

（9）当各组人数不同时，一般要限制参加人数，力求各组参加该项目的人数相同。

（10）每组队员按照规定的动作要领跳动多次之后，由指导老师鸣哨示意该项目结束，操作下一个项目。

B. 能量传递

（1）在地面上将锯开的 PVC 管材堆放好，由指导老师规定起点和终点；在起点放置一个乒乓球或网球，以地面上排列的管材长度的两倍位置为终点，并放置一个纸杯，以便回收乒乓球或网球。

（2）所有队员将地面上的管材拿在手中，依次从起点将球向终点方向滚动，操作一次之后快速在队尾接上管材，继续操作，最终使球顺利落入杯中。

（3）滚动过程中球不能落地，也不能将球向回滚动或停顿，否则这个项目从头开始。

（4）以最快的速度将球滚到放好的杯子中去，该项目方算结束。

C. 集体跳大绳

每组队员都要参加，选出两个队员舞绳，其他队员集体跳绳，并按照要求连续跳 8 个（由指导老师规定），出现任何失误，该项目重新开始。

D. 合力颠球

（1）准备圆形模板或者塑料板，将它的周围均匀地分成 12～16 等份，并接好绳子，每根绳子的长度不少于 1.5 米，做成 12～16 个拉手，队员只能抓绳头。

（2）每组留出一名队员，其他队员每人抓住一根绳子的绳头，将木板拉平，由留出的那名队员将排球放在圆形模板或者塑料板做成的大鼓的鼓面上，其他队员通过手中的绳子，用大鼓将球连续颠起来 7 次。

（3）没有达到规定的次数而球落地的，或球颠在绳子上的，该项目都要重新开始，直到能够将球颠到规定次数，方算该单个项目通过。

活动过程中指导老师要注意调整好队员的情绪，提醒各组各个项目的练习时间安排；要做到每一个项目都没有失误是一件很难的事情，因此指导老师要随时激励队员。

5. 项目变通

该项目中的每一个游戏都可以单独操作，指导老师可以根据游戏场地和其他条件随时调整游戏，单独做游戏时可以增加游戏的难度，以增加游戏的趣味性。

6. 讨论问题示例

（1）你感受到团队激励的魅力了吗？

（2）你认为相信团队和相信自己是对立的吗？

（3）你是如何理解只有你自己选择放弃才是彻底的失败的呢？

第七节　创新模块

一、项目 1："战俘"集中营

1. 项目简介

这是一个需要团队成员发挥想象力、创造力才能完成的游戏。它能体现以小组为单位解决问题的好处，展示集体智慧的力量；也可以作为课外思考题。游戏时间依不同的小组找出答案所需的时间而定，可能会有非常大的差别。游戏人数不限，人数较多时，需要将队员划分成若干个由 4 个人组成的小组。

2. 项目道具

（1）两顶红帽子、两顶蓝帽子，分别放在4个不透明的厚纸袋子里，注意放的过程不要让队员们看见。

（2）一堵砖墙或是一棵大树（用来把一名队员和其他三名队员隔开）。

（3）在袋子上做好标记，以保证在发帽子时，给1号"战俘"一顶红帽子，2号"战俘"一顶蓝帽子，3号"战俘"一顶红帽子，4号"战俘"一顶蓝帽子。

（4）需要一块室外的场地。

3. 项目操作步骤

（1）指导老师告诉队员他们需要一起来解决一道难题。

（2）邀请4个志愿者充当"战俘"。给每个志愿者一个装有帽子的纸袋子，告诉他们得到命令之后才能打开纸袋子，不得擅自开启。

（3）让4个志愿者排队站好。1号"战俘"站在砖墙或大树的后面，将被戴上一顶红帽子；2号"战俘"站在砖墙或大树的另一侧，将被戴上一顶蓝帽子；3号"战俘"站在2号"战俘"的后面，将被戴上一顶红帽子；4号"战俘"站在3号"战俘"的后面，将被戴上一顶蓝帽子。4个志愿者站好后，告诉他们在任何情况下都不许说话和回头。

（4）让其他队员每4个人组成一个小组，并告诉他们保持沉默，仔细听。

（5）所有小组组建完毕、就位之后，指导老师给站好的4个"战俘"做游戏开场白。

（6）有必要的话，指导老师重述一遍游戏开场白，以确保4个人都明确了问题和游戏规则，然后，对他们说："从现在开始，你们说出的第一句话将会决定你们的生死。祝你们好运！"

（7）把其他小组带到这4个人听力所及的范围之外，问他们哪个"战俘"可能会猜出自己帽子的颜色？为什么？

（8）游戏小组找到答案之后，引导队员就解决问题、团队合作和沟通等方面展开讨论。

4. 注意事项

如果参与者在戴帽子的时候偷看自己帽子的颜色，那么建议由指导老师负责给他们戴帽子。如果参与者事先知道了自己帽子的颜色，这个游戏就没有了意义。

5. 项目变通

（1）可以让多个小组同时做这个游戏。

（2）每个小组都要遵循上面的步骤，当然，这样做需要较长的游戏时间和更多的帽子。

（3）这个游戏也可以作为课外作业，让队员们自己去思考。

6. 讨论问题示例

（1）你们在游戏过程中碰到了什么问题？你们是怎样分析问题的？每个人都做了什么？

（2）这个游戏揭示了什么道理？

（3）如何将这个游戏和我们的实际工作联系起来？

二、项目 2：智慧钥匙

1. 项目简介

这是一个富有挑战性的游戏，目的是让队员观察别人如何解决问题，从而激发自己的创造性思维。同时，培养队员寻找问题答案和从多角度思考问题的能力。游戏人数不限，时间为 30 ～ 50 分钟。

2. 项目道具

（1）一把椅子、一个扫帚或拖把（手柄能拧进拖布或者扫帚头的样式）。

（2）一串钥匙，挂在一个直径约 2.5 厘米的圆环上。圆环的直径尺寸很重要，要求扫帚或拖把的手柄刚好不能插进钥匙环内，然而，拧在扫帚头或拖布里面的那部分手柄却能插进钥匙环内。

（3）一根长 16 米的绳子。其他道具包括一个花瓶、杯子、饼干盒、剪刀、胶带、书和报纸。

3. 项目操作步骤

（1）首先选择两名志愿者。

（2）要求两位志愿者立刻离开游戏场地，他们不能听到其他人说话，也不能看到其他人在干什么。

（3）布置道具。把椅子放在开阔场地的中心位置，同时把那串带有钥匙环的钥匙放在椅子上；把绳子放在地上，距椅子约 2 米远，然后以椅子为圆心把绳子围成圆形，圆的直径约为 4.5 米。

（4）让其中一个志愿者过来参加游戏。

（5）他的任务是从椅子上取走钥匙串。要求不能跨入绳子围成的圆圈中，只能利用扫帚或拖把取走钥匙，并且钥匙不能掉在地上。

（6）把扫帚或者拖把交给那位志愿者，其余队员观看他如何完成任务。

（7）如志愿者采用的方法明显不妥（如试图尽量把扫帚把或者拖布把插进钥匙环中），让他寻找其他办法解决问题，或许他会用扫帚头或者拖布钩住椅子腿，把椅子拉到绳子边缘，取下钥匙。

（8）志愿者解决问题之后，祝贺他，但同时说明那种方法不是你们所期望的；把椅子和钥匙放回原处，让他用其他办法再试一次。

（9）游戏一直做下去，直到他用了你们期望的方法，即把拖把或者扫帚的把手拧下来，用较细的一端把钥匙环挑出来。

（10）之后，让另一个志愿者参加游戏。

（11）重新摆好道具，要求第二个志愿者按照同样的规则去做。但这次他可以利用所有道具，包括扫帚或者拖把。

（12）让第二个志愿者一直做下去，直到采用了你们希望的方法为止。这或许会占用一些时间，但相信他最终会成功的。

（13）最后，指导老师引导队员就预见性、受到打击后灰心丧气和多角度思考问题等展开讨论。

4. 项目变通

当志愿者绞尽脑汁想办法时，指导老师应让其他队员写出自己能想到的所有办法，但必须保持沉默。

5. 讨论问题示例

（1）游戏过程中志愿者有何感受？游戏进行时，其余队员看到了什么？

（2）志愿者好不容易想出办法但被告知是错误的时候，他有何感受？

（3）如何将游戏和实际工作联系起来？

三、项目3：禁止触摸

1. 项目简介

这是一个激发创造性思维的有趣游戏，目的是使队员配合工作，倡导多角度思考问题，展示同心协力的益处。项目时间大约为 30 分钟，人数不限。

2. 项目道具

一段长约 30 厘米的管子，管子的内径比乒乓球稍微大些；一个乒乓球；一个较大的活动扳手；一把木工锯；一团绳子；一小瓶蜂蜜；2 张能写字的纸；2 支钢笔；一个放大镜；一听未开封的软饮料；一个塑料防雨屏风；一个网球；2 卷卫生纸；一瓶未开封的酒；2 个瓷杯子；4 个新气球；2 枚生鸡蛋；一株小辣椒树。要求把上述所有东西都准备齐全不太实际，可以给每组复印一张清单，让他们自己去想办法。

各组把管子埋在地上后，扶直。管子的地上部分长约 25 厘米。如果想在自己的场地上多次玩此游戏，可以把管子固定在地面上。每次做完游戏后把管子盖起来，以防绊倒人。

3. 项目操作步骤

（1）向各组展示埋在地上的管子。
（2）每个管子里放一个乒乓球。
（3）让各组尽量想出多种办法取出乒乓球。但不能破坏乒乓球、管子和地面。只能利用上述道具完成任务。
（4）游戏结束后，引导大家就相关策略和方法展开讨论。

4. 项目安全

游戏结束后把管子移走，以防绊倒人。

5. 项目变通

（1）发挥想象力，采用其他道具取出乒乓球，而不仅仅局限于上述器材。
（2）起初，先让队员独自想办法，然后再组成小组共同完成任务。

6. 讨论问题示例

（1）你们想出了多少种办法？这些办法都有效吗？

（2）你们是如何想出这些办法的？

（3）如何将这个游戏和我们的日常生活联系起来？

四、项目4：发挥想象

1. 项目简介

这是一个简单的游戏，它能激发人们从多角度思考问题，使队员充分发挥个人的想象力。项目时间大约为30分钟，人数不限。

2. 项目道具

一块边长约45厘米的正方形木板，一卷胶带，一个气球（多准备几个备用），一支做标记的笔和一张报纸。

游戏开始之前，用两段大约长30厘米的胶带在木板上贴一个"十"字。

3. 项目操作步骤

（1）选一位志愿者，让他利用现有的道具取回气球。

（2）把气球吹起来，在气球上标注"极其珍贵"，营造出欢乐气氛；或者在气球里放一些硬糖块，作为志愿者取回气球的奖品（还能防止气球被风吹走）。

（3）把木板放在地上（贴胶带那面朝上），让所有队员都能看到。

（4）让志愿者站在"十"字中间，发给他报纸。把气球放在地上，距木板边缘4米远。

（5）要求志愿者3分钟之内取回气球，但不能离开"十"字。其余队员只能观看，不能提议志愿者该如何取回气球。

（6）3分钟之后，如果那个志愿者还没完成任务，询问其他队员该如何取回气球。

（7）指导老师引导大家就解决问题、协同工作和团队合作等问题展开讨论。

4. 项目变通

志愿者站到木板上以后，给他蒙上眼罩，然后其他队员将告诉他该如何做。显然，开场白也要做些变动。同样，可以改为小组游戏：采用一个1米见方的木板，让所有队员都站到上面去，按相同规则取回气球。

5. 讨论问题示例

（1）你们在游戏过程中遇到了什么问题？

（2）你们是如何对问题进行拆分的？每个人都做了什么？

（3）有多少种方法可以解决问题？

五、项目 5：艰难使命

1. 项目简介

在团队看来，该游戏中的任务似乎是一个不可能完成的使命，但是当真正做起来以后，就会发现并不困难。项目时间为 1 小时，人数较多时需要将队员分组。

2. 项目道具

每个小组：一段长 10 米、直径 12 毫米的绳子；一个长约 2.4 米的扫帚把儿（或类似尺寸的树枝，一根约 2.4 米长、直径 5 厘米的竿子（或类似尺寸的树干）；一块 4 米长、截面为 20 厘米 ×5 厘米的硬木板；一个装有半桶水的水桶；一个 1.2 米高的陡坡（队员们在此展开游戏），如果找不到陡坡，可用类似的阳台代替。

3. 项目操作步骤

（1）将队员划分成若干个由 5 ~ 7 人组成的小组，每组选一名志愿者做监护员。

（2）让各个小组站在陡坡上，把水桶放在他们不易拿到的地方——需要他们动脑筋、费力气才能拿到。

（3）说明各组的任务。要求只能利用所给的道具拿到水桶，并且不允许离开斜坡。换句话说，不能从陡坡上走下来直接取走水桶。游戏过程中，如果有人接触了陡坡下方的地面，立刻会被蒙上眼罩。只有按着要求拿到水桶，而且里面的水不溢出，才算成功。

4. 项目变通

增加一些没用的道具迷惑队员，如一个长着叶子的小树枝或者一个空的饮料瓶，可以散布在陡坡上。

5. 讨论问题示例

（1）这个动作有可能完成吗？

（2）游戏的目的是什么？

第七章 户外拓展训练团队创造力机制

第一节 户外拓展训练团队创造力的影响机制

一、团队成员人格特质与团队创造力

户外拓展训练当中，团队成员之间的创造力都有重要的影响，每个团队成员都有着人格特质，影响着团队创造力。

人格是稳定的、习惯化的思维方式和行为风格，它贯穿于个人的心理，是个体独特性的写照，不同人格特质的个体有着不同的价值观和思维方式，而这些不同的价值观和思维方式又会影响到个体的态度，进而影响个体的情感和行为。大量的研究已经表明，个体的创造性至少部分地受人格特质因素的影响，五大人格特质模型为人格理论提供了一个系统的理论框架。神经质、外倾性、开放性、宜人性和尽责性这五大人格特质基本上包含了现今发现的大多数人格特质，学者们就各人格特质对团队创造力的影响已分别进行了大量研究。

（一）神经质与创造力

神经质反映了个体内心体验的倾向性和内在情绪的稳定性。神经质高的个体倾向于产生不现实的想法、过高的心理压力、过多的冲动以及不适应等应对反应，而神经质较低的个体能够适当调整自我，一般不易出现极端的情绪反应。高神经质的人们忽视组织承诺及组织信任，比起组织利益，他们更关注自身利益，因而很少能为组织提供新颖有益的想法和创意。通过调查发现，人格特质中的外倾性、尽责性、宜人性、开放性均正向预测创新行为，而神经质负向预测创新行为。神经质高的人们具有较低的情绪稳定性，容易产生恐惧、愤怒和悲伤等低迷情绪，

因而较少为组织提出新奇有效的想法和创意，同时较少支持和促进创意的实施。

（二）开放性与创造力

开放性也称作经验开放性，是指个体对经验本身的积极寻求与欣赏以及对陌生环境的容忍和探索。它涵盖了诸多方面，如活跃的想象力、对内心感受的专注以及对知识的好奇心等。开放性的个体总是积极寻找新奇的、独特的经历和体验，而不是被动地接受他人的经验，他们通过提出各种各样的想法和观点，从而在不断的探索中了解个人所不熟悉的情况。相对而言，开放性与封闭性的个体有着明显的区别，开放性性格的人富于想象，讲究变化，独立自主；而封闭性的人讲究务实，遵守惯例，随波逐流。开放性的人偏爱抽象思维，兴趣广泛；封闭性的人强调实际，偏爱常规，比较传统和保守。因此，开放性可以被认为是综合了具体的特质、习惯和倾向的一种人格特质。以往很多学者研究了开放性和创造性行为的关系，与同行业的科学家和艺术家相比，创造性高的个体的开放性和尽责性更高；拥有高开放性人格特征的人比低开放性人格特征的人具有更高水平的创造性。

（三）外倾性与创造力

外倾性可以反映个体的心态是更多地指向客观外部世界还是指向内心主观世界。外倾性的个体性格开朗、精力充沛、高度自信，更喜欢热闹纷繁的环境，善于开展各种人际关系；而内倾性的个体不善言谈、情绪内敛、喜欢独处。一般来说，外倾性的个体能更好地处理迅速变化的信息，而内倾的个体更善于处理各种常规问题。当环境需要时，内倾性个体也可以用外倾的方式去行事，因此内倾性个体也可以根据工作或社会活动的类型适当调整其行动。外倾性的个体会通过寻求职位晋升满足他们对权力的期望，他们在工作中愿意承担更多的风险，他们愿意在工作中寻求更多新的想法和创意。外倾性的个体更倾向于激发探索行为并且持有高绩效的期望，研究结果也表明，外倾性的个体会引发个性化的思考和鼓舞人心的创新行为。

（四）宜人性与创造力

宜人性反映的是个体对待他人的态度，是个体人际取向和道德取向的综合特征。高宜人性的个体表现为乐于助人、坦诚、利他、顺从并且信任他人；低宜人性的个体则让人感觉敌意较强，猜忌心重，表现出更多的利己行为。关于宜人性对创造性的研究，不同学者得出了不同的结论，高宜人性的团队成员能够以真诚、开放的方式与他人合作，以方便获取有效信息和解决突发状况，从而促进团队创造性的发展。研究认为组织中高宜人性的个体因其利他、顺从以及乐于助人等特征，在工作中会尽量避免发生冲突，努力营造和谐的氛围，因此该类人不会积极尝试新想法和新创意，相关研究也证实了宜人性对团队创造性具有负向影响。

（五）尽责性与创造力

尽责性是描述个体在具体任务执行过程中存有的动机及其表现出的责任感，反映了个体自我控制的程度以及推迟需求满足的能力。高尽责性的个体做事认真严谨、勤奋踏实、责任感较强，相比于低尽责性的个体，他们更能够出色地完成工作任务，而且能够创造性地解决工作中所遇到的问题。在关于尽责性对个体创造力的研究中，学者们的研究结论也不尽相同，如以下两种不同的观点：一是在可以充分施展自己才能的环境下，个体的开放性能促进创造性行为的发生，而尽责性会阻碍创造性行为的发生；二是尽责性的人会主动支持创新想法的实施和应用，因而表现出更多的创新行为。

人格特质不仅可以直接影响人们和团队的创造性，近年来的相关研究还发现，组织公平和人格特质对组织和个体的创造力起到交互影响的作用。组织公平感体现了人们对组织是否公平的认知，不同人格特质的个体对组织公平的感知也不尽相同，组织公平感越高，开放性、外倾性、尽责性对创造性的影响越大。组织公平正向调节开放性、外倾性、尽责性与创新行为之间的关系，反向调节宜人性与创新行为之间的关系，但对神经质与创新行为之间的关系没有调节作用。

二、团队成员动机与团队创造力

在户外拓展训练当中，当前创造力研究的一个重要方向就是将团队成员的内在心理与外部环境相结合，以探究两者的交互作用对团队创造力的影响，其中动机作为个体行为的重要内在驱动力，对团队创造力的影响受到广泛关注。动机是指由目标或对象所引导的，激发与维持个体行为的内在心理过程或动力，虽然不能直接观察到，但是可以通过任务选择、努力程度及语言等行为进行推断。从来源上讲，动机分为内在动机和外在动机，内在动机主要表现为对行为本身的关注和兴趣，而外在动机主要表现为对外在奖励和认同的关注。以往在个体动机与创造力的研究中，学者们大多研究个体内在动机和外在动机对创造力影响的差异性，发现两种动机会对人的创造力产生截然相反的影响，内在动机有益于激发创造性行为，而外在动机则阻碍创造性行为。

（一）内在动机与创造力

内在动机是指对工作的兴趣和乐趣从而使个体产生的行为驱动力。长期以来，心理学家和组织学者一直认为，内在动机是创造力的重要推动者。相关研究指出了三个相互关联的心理机制以阐明内在动机如何激发创造力。首先，情绪理论认为当内在驱动力被激发时，个体会体验到积极的影响，从而拓宽认知信息的范围，吸收更广泛的想法，以此来刺激创造性行为的产生。其次，根据自我决定理论，当人们的内在动机被激发时，他们的好奇心和学习兴趣会提高他们的认知灵活性，使他们更愿意冒险，并且对复杂事物保持开放性思维，进而增加他们的想法和潜在的解决方案。再次，情绪理论和自我决定理论均表明，内在动机可以通过鼓励个体坚持不懈从而促进创造力的发展。从情绪理论的角度来看，通过体验积极的影响，内在动机会增强个体的心理参与，并且产生持续努力的原动力，使得人们愿意并且能够完成他们的工作任务。从自我决定理论来看，通过培养信心和兴趣爱好，激发内在动机去激励人们坚持挑战复杂而陌生的任务，并且将其注意力更有效地集中在这些任务上。相关实证研究也取得了一致的结果，优异的创造者会热衷于解决富有挑战性的问题，因为这些问题可以展现他们的能力，从而使其产生强烈的愉悦感。社会动机的人们在关注他人的同时也激发了自己的内在动机，从而产生更高的创造力。

以往的研究较多地从兴趣和工作偏好的角度出发探讨内在动机对创造力的影响，随着对内在动机研究的不断深入，对认知需求的研究也逐步引起学者们的关注。所谓认知需求，是个体对事物追求、认知和了解的内在动力，如求知欲、好奇心等，属于内在动机的范畴，体现在个体认知动机上的差异，在某种程度上更能反映个体内在动机的本质特征。王有智等认为，认知需求也是一种重要的人格特征，是个体了解外在事物并使之合理化的倾向性，即个体在面对任务时是否愿意主动思考并付诸努力。认知需求较高的个体对工作中产生的问题具有较强的兴趣和积极的态度，更愿意为此付出额外的认知努力，并能从中体验到更多的快乐；相反，认知需求较低的个体则更依赖他人，倾向于接受启发式认知。相关实证研究表明，认知需求与个体创造性倾向呈正相关，能够激发个体对创造性活动的兴趣和主动性等。

（二）外在动机与创造力

外在动机是指个体由于外在的原因而产生的行为驱动力。这些外在原因是指工作本身以外的事物，如奖励、肯定或命令等。也就是说当个体从事的工作是为了获取与工作本身相分离的目标时，他们的外在动机被激发，进而做出相应的行为反应。大量的研究发现，外在动机抑制创造性行为的产生，有学者发现，当个体的工作方式和目标受到限制和控制时，即工作自主性下降时，其创造性会相应降低。还有学者发现，工作中的奖励也会削弱人们的创造性，这些奖励会引发人们的竞争，从而削弱其创造性。外在动机对创造力的负面影响极有可能是因为过强的外在动机使个体将注意力分散在外部目标上，削弱了个体对任务本身的关注度，从而降低了个体的创造力。随着研究的深入，"动机—工作循环匹配"理论，认为外在动机不一定会减弱内在动机，当个体在分析问题或面对可能解决的方案时，如果外界条件能加以积极正确地引导，使个体从内心投入工作，而不被外在因素转移其注意力，这会促使他们产生更有创意的想法或建议，从而有助于其创造力的培养。由于动机是推动个体活动的内部心理过程，因此，任何外界的需求和力量在一定的条件下均可以转化为个体的内在需要，并进而成为驱动个体行为的动力。根据行为矫正学派所设计的研究结果发现，当参与者运用系统的算法按部就班地去执行任务时，能够轻易地得到较好的成绩，但在被告知独创性能得到奖励时，参与者会尽可能去尝试不同的反应，由此可知，在一定的外部条件下，外在动机对创造力具有积极的促进作用。这一结论也契合了 Amabile 提出的外在动机服务于内在动机的观点，即增益性的外在动机会激发个体对自我能力的肯定，进而提高对工作任务的投入程度，取得与高内在动机一致的效果。

三、团队成员创新自我效能感与团队创造力

在户外拓展训练当中，根据社会认知理论将其定义为个体对影响自己生活的事件，以及对自己的活动水平施加控制能力的信念。自我效能感是个体对自己的能力进行评估的结果，而这种结果又会影响个体行为的选择以及投入资源的多少，并且决定了个体在特定任务中的能力表现，组织中人们的自我效能感是指人们对能否利用自己的能力或资源去完成某特定任务的自信程度的评价。对于自我效能较高的人们，所面临的困难可能刺激其付出更多的努力进而取得成功，成功的结果又会进一步强化其自我成功的期望，即便最终失败也会将失败归因于自己的努力程度不够；相反，自我效能较低的队员在遇到困难时缺乏积极面对的勇气，往往得到失败的结果，并且将失败归因于能力不足。因此，自我效能感并不是个体真实能力的反映，而是个体对自我能力的衡量与主观评价。目前，对于自我效能感可划分为一般自我效能感、特定任务的自我效能感和特定领域的自我效能感。一般自我效能感是指个体对自己具有处理一切事务的总体能力的自信程度的评价，反映了个体在不同情境中所特有的、稳定的认知。一般自我效能感较高的个体更

有可能在不同的情境中取得成功；特定任务的自我效能感是个体在从事某一特定任务时的能力信念，它反映了个体暂时性的期待，意味着个体在付出行动之前对于成功的可能性的预期和判断；特定领域的自我效能感则指个体对自身完成特定情境下职能的能力的自信程度。

个体的自我效能感并非是一成不变的，而是随着具体的任务和情境的变化而变化的，并且针对特定领域、特定任务甚至特定问题的自我效能感对于个体的行为更具预测性。在研究有关个体创造力时认为与创造性活动相关的自我效能感应该不同于其他领域的自我效能感，因此提出了"创新自我效能感"这一概念，它是指个体对于自己在工作中能否有创造性的表现和获取创造性成果的信念。事实上，信念已经被认为是对于个体创造力来说一个非常关键的要素。拥有高水平创新自我效能信念的个体更容易设置和坚持一个具有挑战性的目标来改变现状，产生新颖的和有用的想法或创意，并且在追求这个选择的目标中投入更多的努力，甚至在面对困难和失败时依然坚持不懈地努力。相关实证研究表明，创新自我效能感对人们的创造行为和成果均具有显著的正向影响，人们的创新自我效能感正向影响其创新绩效，而且比一般自我效能感对创新绩效的关系更显著。通过一项纵向研究发现，具有高水平创新自我效能感的学生对于自己所在学科的学术研究更有信心，更愿意进入大学学习并且积极参加各种创新性研究和实践活动。创新自我效能感在人们学习导向和人们创造力之间起到中介作用。我国学者顾远东和彭纪生通过调查中国组织情境中的 487 名成员，发现创新自我效能感对人们的创新行为具有显著的正向影响，并且在组织创新氛围和人们的创新行为之间起到中介作用。

四、团队成员创新角色认同与团队创造力

在户外拓展训练当中，角色认同是指个体在长期的社会生活中通过互动来明确自己所处的位置，并以此来证明其身份、能力及其他条件是否与其所承担的社会角色相一致。角色认同理论认为自我角色认同是个体对自我概念的一种评价，对自我特殊角色的认定和理解，是个体所感知的在他人面前的表现以及对此表现的一种判断。自我角色认同是自我概念的一部分，由它产生的自我意义反映了个体从他人获得相关投入的信息以及个体从自我尝试、支持和验证身份中获得意义的自我调节的过程。自我角色认同有助于个体根据对自己不同的角色认知做出各种价值判断，并进行相应的特定活动。一方面，自我角色可以让个体履行角色内部规范，拥有较高角色认同的个体一般会对与其角色一致性行为相背离的负面影响进行评估，为了保护自己的自我概念从而倾向于回避带来负面影响的行为；另

一方面，也能将个体进行归类，一种特殊的角色认同有助于个体进行特定的活动，当这种特殊的角色与个体的认同紧密联系时，个体的行为就会根据角色的要求进行相应的调整，如果个体不履行与角色相一致的行为，很可能会带来非常高的个人成本和社会成本。因此，个体倾向于做出与个体角色相一致的行为，且个体角色认同越高，其履行与角色身份一致性行为的可能性越高。

团队创造力是团队成员在工作中发挥自身创造性、积极参与创新活动，并使创意转化为创造性成果的能力。人们的创新角色认同，是自我概念理论和角色认同理论在组织创新中的实际应用，即人们认为自己是团队创新中的一部分，理应参与创新活动，人们对创新角色认同越强，参与创新的积极性就越高。拥有创新角色认同的个体会通过自身行为来证明自己，自觉推进创新行为，因此，创新角色认同被认为是个体和团队创造力的重要驱动因素。由于角色认同是建立在与他人的关系和期望之上的，因此，创新角色认同表现为个体对工作角色与关系在创造力方面的认可程度，为了保持积极的自我概念或自我形象，个体会将创造力作为自我角色的一部分，并且会积极选择机会参与创造性工作，从而保持了自我概念和自我形象。大量研究均表明，人们的创新角色认同正向影响其创造力。通过研究角色认同和工作场所创新的相关关系，发现人们的自我形象和自我角色认同会积极地影响人们的创新行为。进一步探索了创新角色认同和创新行为之间的关系，结果发现人们的创新角色认同与人们的创新绩效密切相关，创新角色认同能够不断激励人们参与创新活动，并且通过参与创新活动又进一步强化这种角色认同。

五、团队成员认知风格与团队创造力

在户外拓展训练当中，认知风格又称认知方式，是指个体在组织和加工信息中所表现出来的个性化和一贯性的方式，具体表现在知觉、记忆、思维和问题解决过程中较为稳定、优先的认知策略，反映了人们活动的形式而非内容，解释了不同的个体是如何进行学习、与他人交流以及创新活动等。以往的研究表明，认知风格是影响个体和团队创造力的关键因素之一，在所有认知风格的相关研究中，"适应—创新"理论中所提出的"适应型—创新型"双级连续的认知方式最受关注，该理论认为个体由于先天遗传的不同或后天经历的不同会形成不同的认知风格，包括适应型认知风格和创新型认知风格，这两种认知风格处于认知风格的两个极端，任何个体的认知风格都有可能处于这两个认知风格极端的任何一点。适应型认知风格的个体（适应者）表现为明显偏爱准确的信息、事实、数据以及传统理论和程序来解决问题；而创新型认知风格的个体（创新者）更趋于冒险，敢于打破传统的方式，倾向于挑战现有的规则，并运用发散性思维来解决问题，以创造出独一无二的解决方法。适应者喜欢将事情做到极致，而创新者却喜欢做不同的事情；适应者基本上是被动地等待他人提出问题，而创新者总是在不断地寻找问题；适应者用调整现存系统的方式解决问题，而创新者总是以寻求新的解决方法来表达自己的挑战性。

两种极端的认知风格也存在一定的弊端。虽然适应者能更有效地适应现存的团队系统，但在寻求解决问题的方式上存在"盲区"；创新者较易产生新思想和新方法，但其想法和创意很难被团队中的其他成员接受，因而容易产生挫败感。个体从适应型到创新型的双极连续性的认知方式可以产生同等水平的创造性表现，但相关实证研究表明具有创新型认知风格的人比具有适应型认知风格的人更具创造力。例如，一些积极的创造性的性能指标与创新型的认知风格紧密相关，拥有创新型认知风格的个体更有可能寻求和整合多样化的信息，进而激发更多创造性的结果。积极的创新型认知风格通过影响个体创造性行为进而影响团队创造性。也有研究发现，当人们获得上司的创造性支持时，适应型认知风格的人们比创新型认知风格的人们更能激发创造力。因此，两种认知风格既存在差异，又是互补的，若能适当协调两者之间的关系，则能使团队在保持连续性和稳定性的同时保持活力与创造性。

第二节　户外拓展训练团队结构与团队创造力的关系机制

一、团队成员认知结构对团队创造力的作用机制

在户外拓展训练中，团队异质性管理相关理论强调，多样化的成员结构在团队中发挥着重要的作用，多元化的人可以带来多样化的知识，这对提升团队创造性能力而言也是必要的。知识是创新的基石，因此有效地对知识素材进行整合、消化与吸收，就成了提高团队创造力的重点之一。合理的成员认知结构为知识整合提供了基础，有助于提高团队的工作效率、确保团队内部沟通交流的顺畅，使团队成员之间形成一种互补的关系，以更具全局性地解决所遇到的问题。

个体在获取、加工和使用知识解决问题时，会体现出稳定的认知风格，这些认知风格反映了人们参与活动的形式，解释了不同的个体是如何进行学习、如何与人交流以及如何进行创新的。在团队中，不同的成员在进行创新活动时拥有不同的认知风格，根据现有文献的梳理，可将团队成员分为创造性的团队成员、墨

守成规的团队成员和注重细节的团队成员。为了更好地探究不同认知风格的成员与团队创造性的关系，并通过其中的相互关系来探讨高创造性的团队应该如何把握成员的构成。

（一）创造性的团队成员

在户外拓展训练中，高创造性的团队成员具有比较明显的特征，一般都比较独断，能够依据自己的判断行事，并且愿意为自己的行为承担一定的风险，往往也比较自信。由于具有这些特征，这类人总能够主动地发现问题、分析问题，并且提出较有新意的解决方法。由于较少受到固有思维的束缚，这类人更可能偏离所在的团队，并提出可能不被接受的突破性的想法，这些想法的表达以及问题与解决方案的提出都可以为团队提供多样化的知识和大量可供选择的想法。有研究发现，相信直觉、坚持自己独创意见的认知方式与创新行为正向相关，拥有创造性的认知风格的个体比其他个体更具有创造性。因而，团队中创造性成员越多，其识别问题的可能性就越强，也更容易产生各种各样的新观点，并取得创造性成果。从这个角度出发，可以认为，团队中创造性成员的比例越大，整个团队的创造力也就越高。

但是，创造性人员真的越多越好吗？有学者通过研究发现，虽然团队中创造性的成员能够为团队带来新的思想和发展方向，对创新成果的取得有巨大的贡献，但他们在工作质量上的表现可能并不理想。因为要大胆地创新，创造性人员往往就不能严格按照组织所设定的规章制度办事，依照创意和冲动得出的想法和产品的质量可能超出限制、存在缺陷。

此外，创造性人员有更独立的思维能力，也更敢于承担风险，因此当自己的意见不被采纳时，可能会为了坚持己见而做出不利于团队发展的行为，这也进一步说明，过多的创造性成员可能不利于团队凝聚力的形成和团队创造力的提升。因此，并不能一味地提高团队中创造性人才的比例。

（二）墨守成规的团队成员

墨守成规的团队成员意味着人们的思想保守，守着老规矩不肯改变，反映出个体在给定的约束条件下解决问题的表现倾向，人们通常也会理所当然地将其视为创新的对立面，认为这种倾向不利于个体创新想法的产生，不利于组织创新绩效的提高。然而，也有研究发现，墨守成规的人不但不会阻碍创新绩效的提高，反而会通过提高团队凝聚力进而减少团队冲突，在创新活动中展现出积极作用。一方面，作为团队的成员，墨守成规的成员在保持组织规范和结构功能以及促进组织生产力等方面发挥着重要的作用，而且他们对组织高度的依赖性可以帮助团队维持其凝聚力，促进团队成员的和谐共处。和谐并且相互支持的团队氛围会促使团队成员更愿意承担风险并分享想法，也使得这些创造性想法得到较好的执行，因而更可能产生较高的团队创造力和创新成果。另一方面，墨守成规的成员总试图与团队中其他成员在行动上保持一致，因而会加强团队的协调和信息交流，推动知识的分享并提升团队成员的整体满意度。相关实证研究也表明，团队协作和信息交换的和谐氛围能够提高团队绩效和创新成果。因而，在一定条件下，墨守成规的成员有助于团队创造力的提高。

当然，也有研究发现，高度一致性会抑制团队成员脱离团队规范和标准，可能会导致团队成员过早地达成共识，进而限制创意的产生。在这个情况下，墨守成规的成员对团队创造力的积极影响就会受到限制。因此，在团队中保持一定比例的墨守成规的成员对团队创造力有积极影响，但随着比例的增加这一影响会相对减小。

（三）注重细节的团队成员

在户外拓展训练当中，注重细节的团队成员一般思考问题更加准确、周密并且有条理，所以他们会通过核实所有想法并从中挑选出有价值的观点，以确保这些想法和创意能够转变为可靠的产品或服务，从而提高团队能力。但是，这种认知风格的人们往往也会过分吹毛求疵，相对比较机械呆板，所以他们不太能容忍犯错，因此他们可能不愿意涉及高不确定性的激进思想。相关研究也表明，不能容忍犯错会抑制个体的创造性思维，通过研究发现，害怕犯错会阻碍人们的创造力。同样，如果在一个僵化的团队中，犯错误的团队成员会受到相应的惩罚，这也会阻碍团队成员的创新等。也就是说，在一个不能容忍错误的团队中，注重细节的成员可能会强化一种趋势，即团队成员更加系统地分析问题，并且趋向于拒绝突破性想法。这种趋势也可能使工作变得更加复杂，阻碍团队处理和应对复杂问题的能力，进而影响团队的创造力。另外，当团队中注重细节的团队成员的比例较高时，他们可能会形成一个联盟，并进而改变团队的注意力，当这股力量足以影响团队时，他们对团队创造力的负面影响会逐步稳定。因此，虽然团队中注重细节的成员的比例对团队创造力的提升具有消极作用，但随着注重细节成员的增加，其对团队创造力的影响程度也会相对减弱。

二、团队社会网络结构对团队创造力的作用机制

在户外拓展训练当中，团队社会网络结构是指团队成员为共同实现一定的目的或完成特定的任务而形成的相对稳定的关系体系，在这种体系中更多地关注人

们之间的互动和联系。一般而言，社会网络结构可以分为内部网络结构和外部网络结构，内部网络中的相互联系往往与团队凝聚力息息相关。社会网络结构的高凝聚性会促进企业内部的交流，有利于团队对外部复杂信息进行处理。一方面，人们在面临外部信息时能更好地甄选以获得新的知识；另一方面，高凝聚性的网络结构也可以使人们与其他相关同事之间进行新知识的交流与分享变得更加容易。因此，团队内部的高凝聚性网络结构对提升团队的创造力具有积极的影响。

当然，团队还可能会与其他团队建立起合作和联盟关系，以加强彼此的交流。这时，团队内部的凝聚性会受到一定的影响，其高凝聚性对创新活动的作用就不再那么明显。低效率的社会网络结构也可能有利于团队创新行为的产生。由于低效率的社会网络结构具有低连接性和信息的低扩散性，团队与外部合作者交流后并没有过多的信息和经验的分享，对于所获得的信息就会在团队内部得以沉淀，不会导致成员在解决类似问题时出现行为的趋同。从这个角度上来说，当团队内部保持一种低效率的内部网络结构时，也能够使团队通过与其他团队加强合作与联系进而获得用于提高创造力的足够的信息与知识。

团队社会网络结构作为一种关系体系，既包含团队内部成员之间的关系、团队与外部环境之间的联系，还涉及整个网络结构中的社会资源，如信息、影响和情感支持等。团队社会资本就是嵌入团队内部或外部社会网络结构中的社会资源，以往的研究多笼统地考虑团队社会资本对创新绩效的影响，实质上团队社会资本可以分为内部的结合型社会资本和外部的桥接型社会资本两种类型，某机构对36个团队的 MBA 队员进行了实证研究，结果表明，这两种社会资本都会在团队创新中发挥不同的作用，并且两者的相互作用可以显著地正向影响团队的创造性。

（一）团队结合型社会资本

团队结合型社会资本是指嵌入团队内部网络结构中的资源，涉及较多重叠的关系，如领导与成员的关系、同事之间的关系等，一般仅有较少的结构洞。

团队结合型社会资本可以通过促进知识的整合以实现桥接型社会资本对团队创造力的积极作用。结合型社会资本的职能之一就是在网络内部实现知识的整合，这是一个群体建设的过程，团队成员通过共享有价值的观点、相互学习、相互探讨，以完善并达成一个共同的观点。虽然与外部的交流可以有效地激发团队成员的另类思维，但是如何吸收和整合多样化的信息对团队而言也是一种挑战。因为语言和观点的差异，缺乏共同的理解、共享价值和相关协调，个体在进行跨边界互动时可能很难找到共同点以促进知识的集成，团队内互动关系也可能会变得紧张。团队结合型社会资本，即各种关系网络，为团队成员之间的知识集成活动提供了重要的渠道和条件。研究也已经普遍认可结合型社会资本可以带来诸多好处，如共享隐性知识、发展互惠规范、构建集体认同以及提供心理安全氛围等，所有这些都有利于知识的整合，进而对提高团队创造力起到重要作用。

随着越来越多的组织将团队作为基本工作单元，团队中的社会交换关系也逐步受到广泛关注。在工作团队中，每个个体与团队领导者以及其他团队成员之间都存在着两种交换关系，前者被称为领导—成员交换关系，指个体和其上级之间基于信任、尊重等的相互交流；后者被称为团队成员交换关系，指个体与团队其他成员之间进行思想交流、反馈和帮助等社会互动。

当前对于团队的研究已取得比较一致的看法，认为团队成员有众多相似之处，他们都能彼此接近对方，享有共同的团队目标、工作任务以及相似的组织资源。人们可能倾向于选择团队成员作为观察和学习的社会模型，这有助于他们的角色定义和效能信念的形成。基于社会互动模式，团队成员也可能会依赖与同事之间的关系去获取替代性经验。高质量的团队成员交换关系可能允许团队成员之间进行充分的交流，听取他们在工作中的行为表现和思维方式，从而使团队成员获取工作中所要求的有效技能和策略，并最终提升个体的自我效能感。团队成员之间高质量的社会交换关系还有助于形成安全的、支持性的工作网络，可以帮助人们减少厌恶的心理状态，如工作中的焦虑、恐惧和压力等，一些反感的心理情绪会抑制个体的自我效能。高质量的团队成员交换关系所催生的社会情感支持可以帮助人们克服反感的情绪，从而有效提升他们的自我效能感。相关实证研究表明，自我效能感是个体持续进行创造性工作的重要驱动力，高水平自我效能感的个体能够主动地提出创造性解决方案，享受创造性的活动，并在他们的工作中保持真实的创造性水平。因此，团队成员之间高质量的社会交换关系可以通过提高成员的自我效能感，进而提升个体和团队的创造力。

（二）桥接型社会资本

基于内外联合的视角，将社会网络界定为团队内部社会网络和团队外部社会网络。以往研究多基于内部网络，探究社会网络结构中内部结合型资本是如何通过成员之间的知识交流进而影响团队的凝聚力和创造性的。外部社会网络作为团队获取外部社会资本的核心载体和运行渠道，却未能得到学者的重视。由于团队在创新过程中可能会面临各种不确定性，团队如何在对外变化中表现得更为灵活和更具适应性显得尤为重要。外部网络更多地强调团队与团队之间的桥接观点，反映了团队间的动态权变关系，合理地运用桥接型社会资本可以有效地降低从外部环境中获取资源的成本，实现团队内资源的互补，进而提高组织的创造性水平。

团队桥接型社会资本是嵌入团队的外部网络结构中的资源，以跨不同边界的连接和丰富的整体结构洞为特点。

某机构的研究首先提出假设，认为团队桥接型社会资本与团队创造力正相关。因为，以往的研究表明，每个网络结构都代表了一类相对必要的信息集合，而桥接型社会资本可以通过接触外部不同的网络集群帮助所在团队发现"突破机会"以实现创新。此外，团队成员一般都会基于以往的经验和互动倾向于遵循传统的规则和习惯，而通过与外部团队的桥接可以带来新思想的注入，从而激发团队成员挑战制度化的规范，摒弃解决问题的旧方法，重新思考和解决问题。因此，桥接型社会资本赋予了团队创新的机会。

有研究显示，就个体层面而言，个体之间的桥接型社会资本与个体创造性之间正相关。根据其研究结果发现，只有在团队内部结合型社会资本较高时，团队桥接型社会资本才会积极影响团队创造力。这表明，对于团队层面的创造力而言，外部桥接型社会资本还可能受到团队内成员对这些资源的分享、整合和调整程度的影响。这也意味着团队桥接型社会资本和团队结合型社会资本都是必要的，但其本身都不足以提升团队创造力。它们对于团队创造力的提升体现着不同的职能。虽然外部连接可以为团队提供创新突破的机会，但这种影响也将取决于团队中社会资本的结合程度。当群体内的社会关系稠密时，高结合型的社会资本才有助于整合多样化的知识并协调相关活动，进而为团队创新带来好处。这既扩展了研究，也为管理实践提供启示，呼吁管理者同时考虑团队结合型社会资本和团队桥接型社会资本两者的相互影响，为提升团队创造力创建条件。

第八章　户外拓展训练的项目

第一节　高空项目

一、空中单杠

（一）故事引入

跳出真我：在一跳之间重新找到真正的自己！老鹰是这个世界上拥有最长寿命的一种鸟类。有些高寿的老鹰甚至可以成活到 70 岁。而在老鹰的整个生命历程当中，它要想存活如此之久，必须在 40 岁时做出艰难决定。等到老鹰长到 40 岁的时候，爪子会逐步老化和退化，此时就不能够有效捕捉猎物。而老鹰的喙也会变长和变弯，甚至可以直接触碰到胸膛。老鹰的翅膀也会越来越沉重，是因为羽毛非常浓密厚实，又进一步加大了老鹰飞翔的难度。面对这样的情况，老鹰有两个选择，第一个选择是直接等死，而另外一个选择，是要经历一场痛苦的更新过程，进而获得新生。要经历长达 15 天之久的操练，而且老鹰需要做出积极努力飞到山顶，在悬崖边上建立巢穴。停留在悬崖上，然后不能够飞。老鹰需要用新长的鸟喙将指甲竹根拔出，等到长出新指甲之后，再逐步拔掉所有的羽毛。等到 15 天过去之后，新羽毛长出来，老鹰就要开始重新学习飞翔，然后在继续存活 30 年。就算是在人的生命历程当中，有时也需做艰难决定，进行自我更新。一定要去除旧习惯，摒弃旧传统，只有这样才能够让我们重新飞翔。只要愿意学习新的技能，我们就能发挥我们的潜能，创造新的未来，我们需要的是自我改革的勇气与再生的决心。

（二）项目简介

（1）这个项目叫作空中单杠。

（2）该项目是以个人形式参与的挑战。

（3）任务：在一定时间范围之内，所有参与队员需要将各项保护装备穿戴整齐，然后从地面经过扶手与脚踏到达顶部，在起跳地点之处稳稳站立，用力跃出，利用双手抓住单杠，然后在保护绳的助力之下重新到达地面。

（三）项目培训目标

（1）增强参与队员敢于面对重重困难的精神与动力，引导他们消除内心当中的恐惧，学会挑战以及超越自我，最大化地挖掘个人的内在潜能。

（2）让广大队员深刻认识到机遇和风险是共存的，因此要大胆尝试和向前迈出一步，不能够安于现状，始终停留在自己的舒适区域。

（3）让广大参与队员把自己遇到的困难当作是自己的挑战，也将其看作是发展自己的机会，然后凭借乐观向上的态度，处理生活和工作当中的实际问题。

（4）让广大参与队员在面对重大事件以及重大问题之时，可以保持平常心，积极面对和有效处理。

（5）打造优良的团队协作氛围，培育队员在面对重重困难时加强团队合作和互相帮助的精神。

（6）让广大队员知道榜样的力量是无穷的，让广大队员朝着更高目标挑战，并且将勇于挑战作为个人生存和发展的一个重要内在需要。

（四）安全要求

（1）存在较为严重的外伤病史，或者是存在严重脏器器官疾病、精神类疾病、慢性病或者是医生建议不适宜完成此类挑战的队员是不能够参与此次挑战的。

（2）示范全身式安全带、安全帽的穿戴要点。

（3）严禁用手抓背后保护绳。

（4）队员落地前的保护——扶腰。

（5）至少6位同学组成两个保护组，其中两位主保护必须跟随挑战队员的动作随时做好收绳，在项目进行过程中，保护队员的注意力应始终集中在挑战队员的身上（参加保护的队员必须佩戴手套）。

（五）项目回顾

（1）为什么明明并没有多远的距离，但是站在上面时觉得其异常遥远？

（2）怎样的力量让大家跳出？

（3）为什么有队员会停留和犹豫非常长的一段时间？

（4）为什么一部分人觉得站在下面看非常容易，但是真正站上去之后觉得异常困难？

（5）为什么在抓住单杠之后就不敢松手跳下？

（6）站在摇摇晃晃的起跳点之处，要有怎样的心态来稳定自己？

（7）如果再跳一次的话，又会是怎样的感受？

（8）为什么会抓住绳索？

（六）理论提升

1. 心理能力与工作绩效

能力所体现出的是一个人在某项工作当中完成相关任务以及挑战的可能性，也是对一个人可以做哪些事情的现时评估。从分类上看，人的能力可以划分成两个大的种类，分别是心理能力以及体质能力。在知识经济迅猛发展的背景之下，想要适应充满挑战的新时代，心理能力在整个能力体系当中发挥的作用显得更为关键。心理能力和工作的匹配效果会直接影响到工作的绩效水平。在面对好像超过心理能力范围的困难，就像是面对一项和心理能力不够匹配的工作，需要个人提升心理能力。每一次提升心理能力，都要有心理突破与挑战的这个过程，因此要积极突破内心当中的障碍，提高心理能力与心理素质，才可以获得良好绩效，有效处理实际工作，突破各项困难。

2. 态度与行为

态度和行为有着因果关联，态度以及行为越具体，那么这样的因果关联也会显得越突出。在面对困难以及压力之时，积极向上的态度通常可以促使个人敢于挑战和解决困难，生成积极行为。当然行为也会对态度造成影响，这样的影响同样也有着因果关联，也就是我们所说的自我知觉理论。似乎可以表明，我们擅长于为行为找理由，而不擅长做应做之事。所以，如果是管理者，不单单要拥有转变态度的能力，还需要拥有转变整个组织团队当中其他成员态度的能力，然后对他们的态度施加积极影响，让整个团队拥有积极态度，而焕发勃勃生机。在我们成功跳跃过一次后，再一次面对空中单杠项目时，态度将会发生极大的转变，这个转变当中起到重要作用的是自我知觉理论。所以，让广大员工亲身经历事件和挑战，实践新的行为，通常可以激励他们转变态度，而行为改变，会造成态度的转变。

3. 目标设置理论

具体并且具备一定难度的目标，能够生成更高水平的绩效。当初参与队员身体的空中单杠，就如同是一个拥有一定难度，而且非常具体的目标，其结果是大家完成了一件看似非常难的任务，这表明具体困难的目标要比笼统目标发挥的作用更强，而前提是我们接受了这个目标。所以管理者在管理实践当中，应该运用目标指向性的管理策略，为整个团队当中的成员设计和获得高级效密切相关的目标，尽可能地让广大成员接受这个目标，以便将其作为前进的动力，产生较强的工作热情。

4. 群体凝聚力与个体绩效

在一个团队群体当中，个人行为会得到其他人的重视以及激励知识，会在极大程度上提升绩效水平。在一个拥有极强凝聚力的群体当中，个人绩效往往会比在一个如同一盘散沙的群体当中要高得多。而队员也是在大家的高度关注，满心期待而又充满鼓励的环境之下完成该项目的。所以不管是组织还是小小的团队，首先都需要具备极强的凝聚力水平，才可以对个人的工作起到激励和助推作用，提高个人的绩效水平，进而从整体上增强全体绩效水平。

（七）经典案例

1. 男子汉

一位男队员站在圆盘上之后哭了，无论如何也不敢往下跳，群体给予的压力，仍然没有发挥作用，之后是经过他自己的独立思考，然后抓住单杠完成项目。

2. 痛苦的飞跃

一名女队员站立在圆盘之上，说道这个项目简直要比生孩子还要痛苦得多，接下来再去抓住单杠。

3. 艰难的飞跃

一位队员在历经了超过一个小时的时间之后，才鼓起勇气跳起来，抓住单杠。

4. 最高纪录

停留 2 小时 45 分钟的时间，期间获得的收获要胜过大学四年的时间。

5. 跳冰棍

队员们非常害怕，不敢朝着单杠跳去，而是垂直往下跳。

二、高空断桥

（一）项目简介

（1）该项目叫作断桥。

（1）该项目是一个人的形式参与的一个挑战。

（3）任务：在高达 8 米的空中，有一个断开的桥面，而此项任务是在上升器的辅助之下，爬到这个桥面，然后走到桥板的另外一段，大跨步向前跳跃，单腿起跳和单腿落地，到达桥板的另外一段之后再跳过来。

（二）项目培训目标

（1）提升团队队员认识和战胜自己的能力，激发其持续进取向上的内在精神。

（2）增强团队的协作意识和集体观念。

（3）增强其他队员主动激励和鼓舞他人的意识。

（4）培养队员分析风险和化解风险的能力。

（三）安全要求

（1）存在有较为严重的外伤病人，或者是心脑血管病以及精神类疾病，又或者是医生不建议完成这类挑战的队员，可以不参与此次挑战。

（2）摘除身上穿戴的所有硬物，穿安全带、戴头盔时要进行多遍检查，指定一名队友帮助，一名队友负责检查，教练负责最后的检查。

（3）桥面上不能助跑，在站到断桥边缘之处时，可以脚面探出脚掌 1/3，然后单腿起跳和单腿落地。

（4）跳跃过程中，手不许拽住前方保护绳（可以一只手轻轻扶住绳子以维持身体重心）。

（四）项目回顾

（1）假如断桥这个项目是自选项目，那么你会挑战还是放弃此次挑战？

（2）所有队员可以消除恐惧大胆地跳过去的动力是什么？

（3）人为什么会产生恐惧的心理？

（4）为什么人站在平地之时能够轻松跳跃过的距离，等到了空中之后就不敢跳跃过去？

（5）为什么有些人在下面看的时候觉得非常轻松和简单，但是真正站上去之后觉得非常困难？

（6）为什么队员总是习惯性抓绳子？

（五）理论提升

1. 认知理论

社会心理学观点指出，心理活动对于行为的影响，主要在认知方面体现出来。人的行为出现先是要靠主体对环境的观点与看法，整个看法是利用知觉过程来完成的。就拿断桥这个项目来说，在空中的断桥和断桥间的距离，远远要小于地面上人可以跳跃的距离，不过站在断桥上看这个距离，却发现距离要大于地面距离，再加上这个项目当中还包括高空、恐惧、危险等因素，这些综合因素影响了人们的认知判断，最终让他们认为自己不能够完成这个项目。认知对行为起决定性作用，不是我不能够做到，而是我认为自己不能。这个项目要告诉我们的是，在我们的生活当中，不能只是结合个人认知作出判断和确定决策。

2. 态度理论

态度指的是个体对环境当中，独立在主体外的人或事的认知、情绪反应与行为倾向。态度是内在的心理结构，也是重要的行为趋势。结合个人态度表现能够预测人的行为倾向，这样的特点在该项目方面表现得非常突出。认为自己肯定没有办法跳跃过去的队员得到的成绩，比那些认为自己一定可以跳过去的人要差。态度理论让我们知道，想要得到良好的行为结果，必须有积极向上的态度。

3. 目标设置理论

目标设置理论指出难度较大的目标比难度小的目标，带来的个体绩效水平越高；目标比较具体，要比没有目标或者是目标设置过于笼统，带来的绩效水平要更高；反馈可以收获更高的绩效水平。就断桥项目而言，拥有明确目标的队员要比目标不够明确的队员，犹豫的时间要短，试图跳更远的队员要比准备跳到既定距离的队员表现更为优异。所以，为提升管理以及实际工作的绩效水平，需要将目标设置得比较具体，而且要适当提高目标，才能够发挥更好的水平。

4. 团队与群体压力理论

有很多团队队员说自己是在看到同事顺利完成跳跃任务的情况之下，逼不得已来完成这次挑战的。这体现出群体压力有着显著作用。在这一方面，需要特别注意的两个问题是：第一，群体压力存在正面效应。比方说就在这个断桥项目当中表现出的，对组织和团队成员的发展都是极为有利的。第二，群体压力也存在负面效应，正确做事之人常常会被不正确做事之人带动。所以在实际工作当中，要切实发挥正面效应，尽可能地避免群体压力带来的负面影响，这样才能够让群体压力理论发挥积极价值。

（六）案例分析

这是一个年轻队员，她一边哭，一边朝着断桥上爬去，而她在后来告诉我说自己非常胆小，不过也特别想让自己有一个突破，但是在到达一半时，心里特别害怕，不由自主地哭了。

就在断桥之上，我花费了半个小时的时间，给这位女队员讲了道理，帮助她放松下来，缓解过于紧张恐惧的心情，但是并没有奏效。这位女队员告诉我说，道理她是都懂的，但就是没有办法迈开步，就像是双腿都不听自己使唤了。面对这样的情况，我只能等着她，看着她在断桥上试着获得突破，以及进行跨越，在经过了 1 小时 40 分钟的时间之后，她终于迈出了这一步，而在返回的时候也没有耗费较长时间。回来之后刚站稳脚，就回头面向断桥说，这有什么呀？也是这句话，让所有在场的队员笑了。

她说的这句话和现在的这些情景是有些好笑的，不过时间久了，在我回忆起这句话时都非常有感触，这是因为对这位女队员来说，这是对她的一个很大的突破。这件事也让我联想到，假如在实际工作当中，我们还没有尝试过的事情，千万不能够产生放弃的念头，不能认为自己不行，哪怕是外表看起来非常可怕，只有在真正尝试过之后，才知道自己究竟是行还是不行。在我们的整个人生旅途当中，有很多类似的情况就如同我们站在断桥上一般，在面对挑战以及考验，特别是在面对严酷考验或者是突然的考验，出现的负面情绪以及张皇不知所措的情况，假如在这个时候，我们出现了放弃的念头，选择了止步不前，同样会丧失成功机遇，丧失抓住幸福的机遇。众所周知，在下决心做某件事时，会受到多种因素的影响，但是最终收获成功的可能性只有50%，此时假如放弃或者是不敢迈出那一步的话，是百分之百不会获得成功的。

三、天梯

（一）项目简介

（1）项目名称：天梯。

（2）项目性质：双人合作项目。

（3）任务：天梯是由六根串联在空中的圆木组成，每两根圆木之间的间距由底端的1.2米向上依次逐渐增大。队员每两人结成一组，利用队友的身体和集体的智慧向上攀登，脚踩在第五根横木上，手抱住第六根横木为任务完成。

（二）项目培训目标

（1）提高队员的团队协作观念。

（2）让队员切实认识到设置阶段目标，在达成终极目标方面有着极大的价值。

（3）通过引导团队之中的各个成员，彼此激励和共同进步，感知团队在提升工作效率方面的积极价值。

（4）让广大队员认知群体压力对各个成员行为产生的影响。

（5）使得队员意识到消除心理障碍以及突破战胜自己在达成目标方面的关键性价值，同时建立个人一定可以收获成功的坚定信念。

（三）安全要求

（1）假如队员存在身体部位伤病时，或者存在较为严重的心脑血管疾病和精神类的疾病病史，就不能够参与到这个项目当中。

（2）介绍安全器材及五步保护法，强调保护的重要性。

（3）详细介绍主保护和负保护的顺序。

（4）提示队员避免踩踏保护绳，以免导致绳索破坏，影响安全。

（5）天梯下禁止站人，队员完成挑战下降时，禁止两人同时下降。

（四）项目回顾

（1）假如只是你一个人完成这个项目，你可以顺利完成吗？

（2）假如不是将同伴拉上来或拖上去，你可以挑战更高目标吗？

（3）同伴在项目当中的行为表现对你有影响吗？

（4）接到任务后，你对自己有信心吗？对同伴有信心吗？

（5）你有过力不从心，想放弃的念头吗？是如何打消的？

（6）成功登顶后，再抬头看天梯，你有何感慨？

（五）理论提升

1. 团队协作

协作指共同利益或者是目标对个人或者是群体有着极大的达成难度，于是人们进行密切联合，保证一致行动以达成最终共同目标。协作已经成为影响组织结构运转效率的一个经常性和重要主题，过去人们对于协作的重视，主要是在生产以及销售等部门当中表现出来的，不过伴随着时间的推移，现如今人们已经逐步意识到，实现多个职能和学科的协作，是获取成功的关键要素。各种形式的团结协作在快速解决实际问题和发挥大部分人组织潜能方面，有着极大的重要性。工作往往是非常复杂的，同时无法有效订立的，这就需要由拥有差异化知识技能以及实践经验的人构成一个协作成体，所以人和人的协作互动是十分关键和必要的。

2. 社会学习理论

个体除了利用个人直接经验来完成学习任务之外，还可以借助观察他人的方法，获得相关的学习经验与学习方法。社会学习理论的观点是，行为是结果的函数，与此同时，该理论也认可观察学习的重要价值，以及在实际学习中知觉的关键作用。人们结合对客观结果的认知，并易于感知做出一定的反应，并非是将客观结果作为根据而作出反应。榜样影响是该理论的核心要点。就拿天梯这个项目来说，熟悉和完全掌握攀登技巧是至关重要的要素，所以学习已经完成队员的成功经验能够构成有效学习。

3. 学习型组织

由于墨守成规和一味沿袭过去的旧制，不具备创新思想，造成在诸多团队当中，各个成员的智力水平都超过120，但是从整体看智商水平处于较低层次。这也是在 1970 年时是 500 强企业，但是在到了 80 年代之后，就有 1/3 被淘汰，甚至消失得无影无踪。这是因为在知识经济的时代背景下，成功的企业是拥有极强个人与团队学习能力的组织机构，所建立的是一个学习型组织。由于竞争压力逐步增加，会造成未来持久性的竞争优势是可以学习得比竞争对手要快。

（六）经典案例

在基地的一次培训中，面对高大的天梯，很多队员望而止步，认为这是一个无法实现的任务，尤其是一些女队员，她们都在为自己即将挑战的项目而紧张。这个时候教练员将这个项目的流程跟大家说了一下，目标是最上端的第五根圆柱！当时分配的是两个人一组，其中的安排基本上是一男一女，其中有一组在挑战时整整用了半小时，当时教练员也被队员的那种坚忍不拔的毅力而深深地感动了，每一个人都会感到疲倦、感到劳累，但是自己选择要不要走，你的合作伙伴还要不要坚持，在某种情况下个人的放弃就等于团队的失败，坚持一下就可能成功。他们的坚持以及团队中队友的鼓励，使他们一步步走下来，最后站在天梯的最高峰。下来之后两个人紧紧地抱在一起，热泪盈眶，高呼着："我们成功了！"路在自己脚下，怎么走，怎么去做，决定着我们人生的方向。

四、独木桥

（一）项目简介

（1）项目名称：独木桥。
（2）项目性质：个人挑战项目。
（3）任务：参训队员在高空设备的保护下爬至 8 米高空，站在平衡木的一边，调整身体重心，凭借个人的平衡与协调能力，在不借助外物的情形之下，走到平衡木的另外一边。

（二）项目培训目标

（1）提高队员的自我把控以及决断能力，使其可以适应充满变化因素的环境。
（2）消除心理压力与负担，形成挑战困难的强大自信和勇气。
（3）重新审视个人能力，不轻言失败，培养积极进取的心态。
（4）激发在特殊状态下排除一切干扰与杂念，将注意力全部集中在目标上。

（三）安全控制

（1）队员有严重外伤病史，或心脑血管病和精神疾病、慢性病，或者是医生不允许完成此类挑战的组织成员，可以放弃此次项目训练。

（2）保护人员需要进行持续性的调整，维持绳子的松紧度、恰当，同时跟随挑战者的移动而移动。

（3）队员在走过这个独木桥之后，需要沿着立柱梯子爬下。

（4）假如在走的过程当中突然失去平衡，收紧绳子，尽可能地原地爬上木桥，其中可以适当地下蹲扶住独木桥，但是避免起跳动作。

（5）在桥面上不允许跑，手不允许拉拽身后的保护绳。

（6）长发队员必须将长发盘入安全头盔内。

（四）项目回顾

（1）当你感觉桥面逐步变窄的时候，你是如何想的？你有打算要往回走吗？

（2）为何大部分队员都需要在一个比较安静的情境之下完成相关挑战，其中选用的自我激励策略是怎样的？你在那个时候又是如何做的？

（3）集中注意力和注意力的转移对自己有什么影响？

（五）理论提升

1. 打破心理舒适区

心理舒适区有以下特征：可控（安全）、稳定（维护自己地位）、优越于他人（一定的满意度）。每个人都拥有各自差异化的心理舒适区，在该区域当中，人们往往会处在相当放松的状态之下，不愿被打扰，不愿和陌生人交谈，不愿被人指责，不愿按规定时限做事，不愿主动关心别人，这是一个只属于自己的领地。如果沉溺于心理舒适区，人就会不思进取，也会故步自封，所以必须走出来，听自己曾经不爱听到的话，做曾经不愿意做的事情。挑战个人的舒适区域，是一个异常艰辛的工作，要意识到问题常常是非常容易的，但是解决问题往往非常难。要有坚定不移的信心，并且努力为之付出。第一步是要打破个人的心理障碍，不再留恋个人舒适区域，打消对不舒适区域的恐惧心理，这样一定可以收获非常大。

2. 目标设置理论

目标设置理论表明：一个梦想被写下来并确定期限，就变成目标。一个目标经分解，就变成计划。一个计划经过付诸行动，就能让你的梦想变成现实。在独木桥项目当中拥有明确目标的团队成员犹豫徘徊的时间要明显短于拥有模糊目标的成员。想要走得快一些的成员，在实际表现方面要优于非常犹豫、步履不坚定的成员。所以想要提升管理水平，以及工作绩效水平，把目标设置得具体，并且适当调高要求，往往是非常必要的。

3. 意志的自我加强

不管是要收获哪种成功的果实，都需要个人付出努力才能够得到，并不是要得到他人的施舍，所以想要获得最佳结果，就一定要利用个人努力，消除对他人的依赖。个人的潜能是无穷无尽的，所以我们需要勇于挖掘个人的内在潜能，有勇气挑战所有的困难。通常情况下，人们常常习惯，表现个人比较熟悉和擅长的领域，但是假如我们反思和检查自己，就会突然间明白，在存在一定难度并且难度适当提高的压力环境之下，我们的能力才会有更大提升。

（六）经典案例

当别人都不能帮助你，必须由自己完全独立地完成事务时，需要很大的勇气和信念。有一个队员做完项目分享道："人生中不知道什么时候会出现自己面对困难的时候，当你处于那种困境时，需要有百倍的信念，那你就能成功和得到成功的喜悦，否则就只有失败。"

第二节　中低空项目

一、求生墙

（一）故事引入

游船出事，梦中惊醒，保守估计时间不会超过 40 分钟，留在原地的人将难逃一劫。除了单薄的没有任何承受力的衣服外，没有任何工具。面对 4.2 米高的光滑甲板，只有爬上去才能躲过灾难等待获救，如何爬上去？怎样上去？谁先上去？是否都能上去？一系列的问题摆在面前，我们该怎样去做？

求生墙也常常被称作海上逃生，之所以命名为此是由于常常会把这个项目安排在最后，所以也被叫作毕业墙。这样的项目能够让我们认识到个人和团队目标之间存在的关联，为了能够不失去任何一名亲密的伙伴，只有团队获得生存才是真正的胜利。

（二）项目简介

（1）项目名称：求生墙。

（2）项目性质：团队合作项目。

（3）任务：全队所有成员都要在一定的时间内，不借助任何外物（如衣服、腰带等）爬上高 4.2 米的高墙。这个训练项目能够让我们有效认识和把控个人与团体目标之间的关联，因为只有整个团队收获成功，才算是得到了真正意义上的成功。

（三）项目培训目标

（1）提升整个群体的凝聚力，使得团队内部以及各个团队间可以实现密切的融合与互动。

（2）提升团队当中各个成员的责任意识以及彼此的信赖感。

（3）认可彼此之间存在的差别，对各项资源进行科学化运用。

（4）勇敢的实践以及创新，在实践当中收获成功。

（5）提升团队当中各个成员的奉献精神以及牺牲精神。

（四）安全要求

（1）全部参与项目的队员都要摘下身上所有的尖锐和硬质物品。

（2）团队队员在攀爬的过程当中，要避免踩到人梯的头部、颈椎等部位，只能够踩肩膀和大腿，而且在拉人的过程当中，要避免拉衣服，在彼此手拉手的过程中需要保证手腕相扣。

（3）大家要尽可能地保证搭建的人梯"不倒塌"，需要有专人扶住人梯队员的腰部和臀部，在最下面的人需要保证头颈和腰部的有效用力。

（4）广大队员需要关注垫子的大小和软硬度，保证垫上活动的安全性，防止出现崴脚等问题，而且期间要避免有起跳等相关动作。

（5）应提高对自我保护的重视程度，而且在完成项目的过程当中，假如感到身体没有办法承受，需要示意，并且说明情况，同时坚持较短的时间，等到大家都做好准备之后，再停止相关动作。

（6）全部队员都要参与到保护之中，如果情况必要，培训教师也需要参与其中。保护人员需要运用抱石保护的方法，同时还需要抬起头，密切关注攀爬人员，合理把控姿势和调整重心，假如攀爬者出现重心不稳定的情况，需要随时做好准备扶住爬梯者。如果攀爬者摔落下来，或者是人墙发生"倒塌"，需要在快速保护自身安全的情形之下做出下面几个必要动作：如果攀爬人员顺墙滑落下来，需要把他按到墙上；如果攀爬人员在不高的地方屈膝向后坐，需要上前将他托住；如果攀爬者从高空向外摔出，需要顺势将其接住，并且安放在垫子上。

（五）项目回顾

（1）要爬上这面墙，只依靠一两个人的力量，是否可以成功？

（2）方案是否存在问题，能否对其进行改进？是否存在更佳顺序？

（3）大家是否还记得方案进行持续讨论以及调整的过程？在这一过程当中可归纳出什么？

（4）当你踩着他人的肩膀向上爬，以及被上方的人向上拉的时候，心里的感受是怎样的？

（5）如果你的身体条件不佳，是否在参与的过程中有过犹豫？大家在被拉上去之后又有怎样的感觉？

（6）如果你是这个团队中最后一个完成任务的，等到大家全部都上去，拉你上去时，多次失败，你会有怎样的想法？

（7）最后一个人想要上去是非常困难的，所以其中是否想过要放弃？又是什么让你们选择了坚持？

（8）假如你们放弃了最后的人，但是他却正好是为大家付出最多牺牲的人。在实际生活当中，假如团队在遇到每次困难的时候，都抛弃队友的话，那么这个团队能够获得有效发展，并且持续存在吗？

（9）在参与这个项目活动的过程中，是否有让人特别感动的事情？

（10）求生和逃生有哪些区别？

（六）理论提升

1.群体与群体内聚力

群体的概念是有两个及其以上彼此作用与依赖的个体，为达成某目标而构成的一个结合体。

有些时候为达成特定目标，要有多个人付出努力，注意精诚合作，把大家的智慧和力量综合起来。求生需要各个队员之间加强合作，仅依靠单人力量是不可能达成极高目标的。

影响整个群体凝聚力的因素有很多，比方说有群体成员相处时间、群体规模和外部威胁等因素。绝大部分的研究支持以下命题：假如群体遭到外部攻击，那么整个群体的凝聚力也会增加。绝境求生类的游戏活动，可以让所有成员，在极短暂的时间当中构建良好信任关系，而且因为他人无私奉献成功度过求生墙之后，会产生强大的群体向心力。这样的训练项目，实际上是把实际生活中，群体面对困难需要借助彼此合作和协调配合来克服困难的情景，然后也把这样的情境进行了浓缩，用较为激烈的方法带给成员以强烈的震撼。

2. 使群体成为高效率的工作团队

利用求生训练这样的实际活动，能够让小组学习到如何成为一个拥有高绩效水平的工作团队。群体和团队是不同的，团队中各个成员努力的结果，让整个团队的绩效要大于个体绩效之和。团队成员需要彼此帮助扶持，提高团结协作能力，进而有效提升工作满意度以及有效性。

参与训练项目的很多队员均是在重视个人成就的背景之下成长和发展起来的，很多人虽然在技术技能方面大致相当，但缺少扮演团队角色需要的另外才能。组织培训项目和培训活动的重要目标在于以培训教师为指导，利用多种多样的练习活动，让广大员工体会到团队协作的价值，接受团队工作的价值观。

团队建设的重要目标是让广大成员彼此理解，了解怎样发挥个人的个性特点，为整个群体的发展做出贡献。由于团队成员要依靠紧密协作的方式来解决实际问题，因此要加强彼此学习和帮助，从一群人变成一个拥有合作和互帮互助精神的完整团队。

3. 团队资源合理分配和成功决策

一个群体可能达到的绩效水平在很大程度上取决于群体成员个人给群体带来的资源，其中两种引起人们最大关注的变量就是个人能力和人格特点。在实际的求生过程当中，小组队员的年龄、性别构成、身体素质等因素，常常可以对这个项目的顺利开展起到极大作用。那么是不是身体条件就可以成为项目获得成功的决定因素呢？答案当然是否定的。只要可以做到资源的优化配置，保证决策正确，就能够有效克服由于身体条件不利而带来的一系列困难。

事实表明，一个人假如拥有对完成任务极为关键的能力，这个人就更有意愿参与到这个群体的实践活动，通常情况下，做出的贡献也要更多，成为整个团体领导的可能性也越大，假如这个群体可以有效利用这部分人的能力，将会提升他们的工作满意度水平。

在求生过程当中，通常做方案决策之时，需要特别关注群体资源，如身体条件不佳的人应该在怎样的时间上去，最后的两个人特别是最后一个人要达成怎样的素质要求。

团队无弱者以及差异化认同是非常关键和必要的观点。在一个成功团队当中，各个团队成员均会伴随整个团队的发展而获得成长，与此同时，每一个团队也不能够觉得极个别的组员属于弱势群体，而选择了歧视以及完全抛弃这部分组员。在求生项目当中，身体素质水平是发挥重要作用的一个变量，但因为团体目标是全部人都要达到的，不然就要记作失败和零分，因此唯一方法是对资源进行优化配置，利用团队协作的方式，把身体的劣势进行有效克服。只有运用这样的方法才能够有效达成培训目标，而且通常是有一部分成员困难大的组，可以从项目实践当中获得更大收获。评分标准仅仅是激励性策略，对于客观条件不够好的队员但是能够有效发挥团队协作精神的队员，必须要给予激励与认可。

4. 面对挫折坚持不懈和团队精神

求生项目的最大难点是最后一个人，而且绝大多数的小组均会在这一过程当中体验挫折。有的小组选择了坚持不放弃，有效探寻最佳解决策略，进而到达成功的彼岸。对于这样做的团队来说，不管最终是否获得了成功，都应该激励和赞赏他们的精神。体验过挫折的团队会变得更为坚韧，也会有更强的团队协作精神。

也有极少数的小组放弃最后一个人，也就是放弃了那个给小组牺牲最多的人。有能力，但是抛弃最后一个人，或者是不能坚持到最后一刻，不单单会在心理方面打击他，让他对整个团队失去信心，还会给团队精神带来极大的损失。在发生这样情况之时，必须让所有成员认真反思，才能够获得良好的效果。

在面对挫折的过程当中，会有很多的情绪以及行为体现出来，比如：升华是将消极情绪状态转化为积极情绪状态，然后转向更高层次的目标上去；增强努力，是在获知原本目标无法达成时，不断努力实现原有目标，然后对目标进行重新解释；合理化是在个体不能够达成目标或者不符合道德标准的时候，为个人寻找的合理借口。有些人在求生过程当中出现失败问题，会说牺牲一个人，幸福整个小组，这样的说法和想法都是非常自私与狭隘的，在归纳总结的过程当中可结合团员在挫折之前的差异化反应来品评各个成员的个性特点。

（七）经典案例

坚持就是胜利，有一个团队的最后一位队员在一直尝试，又一直失败了7次之后，最后也获得了成功。

你是我们整个团队的胜利：有一个团队当中有一个男生队员体重高达 230 斤，自己已经放弃了这个项目，但是整个团队都一直坚持要把他拉上去，说他可以上去，就是整个团队的胜利。

安全和危险：有一个团队剩下最后一位队员时，尝试了很多危险以及非常痛苦的方法，但是不愿意运用到挂这种表面上看上去非常危险，但事实上却最为安全的方法，于是最后还是以失败告终。

放弃与伤害：有一个团队在时间还剩下 5 分钟的时候，就宣布要放弃，最后一个人，认为他是为整个团队牺牲，而且事后这个队员在向教师谈及此事的过程中非常受伤。

二、信任背摔

（一）项目简介

（1）这个项目叫作背摔。

（2）项目性质：该项目是个人和团队相整合的一个综合性项目。

（3）任务：整个团队的各个队员均要站在背摔台上，然后背向大家，身体笔直地向下倒下，而下面的全体成员需要依照培训当中指出的要求，将其安全接在双臂之上。

（4）项目规则：各个成员都要完成，假如有队员因为身体情况不佳，不能够坚持做完，也认为这个团队没有成功。

（二）项目培训目标

（1）增强整个团队彼此信任的力量。

（2）提升自信心，提高自我控制能力，学会正确地认识自己。

（3）增强团队成员，突破本能带来的心理及行为障碍，增强团队成员间的了解和信任，从而让整个团队的凝聚力得到提升。

（4）协助团队成员了解互相信任在团队建设当中的突出价值。

（5）增强队员换位思考的良好习惯，使得他们彼此理解和互相体谅，进而尽可能地减少整个团队成员当中的内部矛盾问题。

（三）安全要求

（1）队员有腰背外伤史，或有心脑血管及精神病不参加此项目。

（2）项目存在一定的挑战难度，而且在一定的高度之下开展，还不存在保护性的器械，因此全部队员都要严格依照培训教师的指挥和要求来完成任务，同时确保态度端正，保证注意力集中的状态。

（3）站在背摔台后应安排其靠护栏站立，移向台边时要稳。

（4）必须摘除身上所有硬物。

（四）项目回顾

（1）参加此次项目获得的最大感受是什么？为什么会有这样的感受？

（2）人为什么会恐惧害怕？

（3）大家可以克服恐惧，完成背摔项目的动力是什么？

（4）信任是怎样出现的？

（5）衡量现任度有哪些因素？

（6）信任是怎样被打破的？又该怎样建立信任？

（7）这个项目获得成功和哪些因素有关？

（8）拥有一个和谐的团队需要依靠哪些要素？

（9）我们怎样建立和优化整个团队的氛围？

（五）理论提升

1. 培养相互信任精神

拥有高绩效水平团队的显著特征是，内部成员间有着彼此的高度信任感。也就是说，团队成员彼此相信各自忠诚正直和能力。不过就个人关系而言，信任非常脆弱，而且要建立信任，需要花费极长的时间，也常常特别容易被其他因素破坏掉。所以在团队当中，想要维持信任关系，必须要管理者加强注意，更为关键的是，管理者与领导会对整个团队的信任氛围产生极大的影响。信任通常能够划分成五个维度。

（1）正直：诚实，可信赖。

（2）能力：拥有技术技能和人际方面的知识。

（3）一贯：可靠，而且行为是能够预测的，在处理实际问题的过程当中拥有判断力。

（4）忠实：愿意为了他人维护以及保全面子。

（5）开放：有意愿和人沟通交往，并且自由分享有关的信息与看法。

在团队成员间的信任关系方面，以上提到的五个维度，在重要性方面具有比较稳定的特点，一般情况下这五个特点可以这样排序：正直＞能力＞忠实＞一贯＞

开放。通常情况下，人们会非常看重正直，这是因为假如对他人的道德性格，都没有较好的把握，信任当中其他维度的要素也就丧失了意义。

2. 如何取得信任

想要得到同事和朋友的信任，并非朝夕之间能够完成的事情，要从生活当中的点点滴滴做起，通常情况下，可以运用以下方法来培养彼此的信任感：

（1）成为这个团队当中的一个组成部分，用语言以及实际行动来支持这个团队，而不是在这个团队之外的活动。

（2）选择开诚布公的方式，人们不知道的以及知道的，均有可能造成不信任，如果选用开诚布公的方式，则能够让彼此增加信任感和自信心。

（3）公平：就管理者而言，在实施行动或者开展决策前，先要想他人对决策或者行动的公平客观性有怎样的观点与认知。

（4）说出你的感觉：说出真实感受，会让他人觉得你是真诚的，也会以此为机会来了解你是一个怎样的人，并给予你充分的尊重。

（5）表明指引你实际行动的基本价值观是一致性的。

（6）保密：每个人都只是信赖能够相信以及有效信赖的人。

3. 行为刺激

外部环境刺激，并不是直接影响个体行为，是把个体既往经验作为根基，由价值观、态度、期望以及习惯这几个要素构成的过滤器进行过滤，从而影响个体行为。相反的行为效果或体验，也会对这个过滤器产生一定的作用。在持续增加刺激强度的过程当中，会让行为效果变得非常明显，或者是让这个体验非常强烈，那么对过滤器产生的反作用也会相应增大。

培训活动就是要创设一个特殊环境，让参与者受到强烈刺激，进而生成极强的体验，用来对个体过滤器进行有效修正，进而出现目标行为。在背摔训练的过程当中，就是让队员在特殊环境中，受其他方面多个因素的刺激，然后对信任生成非常深刻的体验，进而重新认知人际关系的重要价值，把这样的全新认识带入工作生活，对信任有更加深刻的认识与体验。

（六）经典案例

1. 诚信

安达信、世界电信因为假账问题造成企业走向破产。

2. 信任的维持

裁员是最能挑战企业员工对企业信任的一种公司性行为。而通用电气是在 20 世纪 80 年代最早应用裁员方法提升企业竞争力水平的。

3. 科学的体制

英国的流放犯人去到澳大利亚，最开始是根据人头数量来支付船主的费用，其结果是发生犯人不正常死亡的情况，而在改变了规则，改成依照到时按人头数付款的方法之后则极大程度上减少了对犯人的伤害。

4. 文化融入

乐百氏在被法国达能集团收购之后，在处理差异化企业文化融入问题的过程当中，始终没有停下改造节奏的步伐，而五位公司的创始人也因为没有办法接纳法国方面的经营观念与文化，选择了集体辞职。

三、孤岛求生

（一）项目简介

（1）项目名称：孤岛求生。

（2）项目性质：团队合作项目。

（3）任务：把全部的队员划分成三个组，一般情况下运用报数的方法完成最终分组。

①先把一组人带到哑人岛，并在这个时候告诉所有小组成员要成为哑人，不管是谁，都不能够从嘴里发出声音，哪怕是在内部也不允许，假如出现违规问题，就会丧失资格。

②把另外一组人带到珍珠岛。

③让最后一组人戴上眼罩，必须要确保戴上眼罩的人是什么都无法看到的，然后把他们带到盲人岛，在整个过程当中告诉他们要一直手拉手，在教师的引领

之下慢慢走。而且要随时告知路况信息，在接近盲人岛的时候告知前面有大约高度是 20 厘米的平台，在站上去之后不能乱动。逐个把这个小组的队员扶到盲人岛上，等到全部人站上去之后，让他们用脚感知边缘以及高度。

④发放珍珠岛以及哑人岛的任务书，之后把盲人岛的任务书悄悄塞到一位性格内向的队员手中。

（二）项目培训目标

（1）层级间、部门间以及不同角色人员有效沟通。
（2）掌握领导艺术。
（3）打破思维定式，提升创新精神以及风险观念。
（4）学会如何有效管理。

（三）安全要求

（1）要特别关注对盲人岛的小组成员进行有效监控，在等待救援的过程当中，需要提醒他们关注个人在岛上的位置，避免掉下岛去。

（2）在搭好木板之后盲人朝着其他岛屿移动的过程当中，需要密切关注盲人，避免其掉下去。

（3）提醒盲人当中的所有成员，在摘掉眼罩的过程当中需要先闭眼，捂住眼睛之后才能够慢慢睁开，避免强光伤害眼睛。

（4）大多数人集中至一个岛上时提醒他们相互保护。

（四）项目回顾

（1）到现在你们是否知道刚刚发生了哪些事情？
（2）作为盲人、哑人和健全人，你们分别有怎样的感受？
（3）为何会感觉做盲人非常痛苦？

（五）理论提升

1.沟通与工作绩效

沟通指的是完成信息交换与意义的传递，是人和人之间传递思想情感的一个过程。沟通在一个组织群体当中发挥的功能通常可以分成四个部分，即控制、激励、情绪表达与信息。对于组织来说，要想提高绩效水平，就要强化沟通。在孤岛求生这个训练项目当中，要求队长和成员进行共同沟通，有效倾听来自各处的差异化意见与建议，然后在做出决策的过程中，把集体智慧凝聚起来，以便在尽可能短的时间内完成团队的所有任务。

2. 领导的作用与职责

领导的作用：指导、协调、鼓励、决策。在集体活动中，由于每一个成员的能力、态度、性格、地位不同，加之外部因素有干扰作用，人们会在思想方面出现矛盾分歧，在行动上发生偏离既定目标的情况，这就要求领导学会协调人和人之间的关系，保证任务的有效完成。要高效完成活动任务，必须达成意志统一，要有统一的指挥。

领导的职责：制定决策和推动决策的执行。在项目中，领导层经常被一些琐事困扰而忽略了公司长远目标的制定以及员工的发展，从而也影响了决策与执行的质量。

（六）经典案例

在一次培训中，位于盲人岛上的队员中有位会武术的女队员，在做这个项目的时候，由于眼睛是被蒙住的，处于盲人岛上，先后有三位哑人岛上的成员前来营救，由于哑人岛的队员只能去实施动作，却不能够用语言来表达自己的意思。三个男队员先后被制服在盲人岛上，一直到珍珠岛上的人来解决此次矛盾冲突问题。

故事：瑞士机械手表曾称霸世界达一个多世纪。但由于技术上墨守成规、满足现状，缺乏不断探索新技术、不断开发新产品的思想，对美国20世纪70年代兴起的电子技术缺乏警惕，以致惨遭美、日等国的电子表的打击，在市场竞争中，一败涂地，生产连续大幅度下降。钟表年产量由占世界总产量的40%（有时甚至达到80%）而猛跌至1982年的9%。1983年出口4200万只手表，仅为1980年的一半。1971年有1618家工厂，1982年时只剩下861家，倒闭了近一半。45000人失业，15000人处于失业边缘。著名的欧米加与天梭两公司亏损达2700万美元，等于全部投资，险遭破产。为了挽救这次危机，瑞士举国上下采取紧急措施，进行抢救。在大量进口美国机芯的同时，大力开创新技术、开发新产品。经过六年苦战，力挽狂澜，直到1984年才扭转了连续几年产量大幅度下降的局面。历史教训，极为深刻。

四、罐头鞋

（一）项目简介

（1）项目名称：罐头鞋。

（2）项目需要与团队协作的形式来完成。

（3）任务：①先强调不允许出声，在3分钟之内全体队员在不发出任何声音的条件下，按出生的月、日排序；如果任务完成，插手跨立示意；②在40分钟之内全体队员利用两块板和三个桶，到达指定地点。

（二）项目的培训目标

（1）培养团队决策能力。

（2）培养队员相互沟通的意识，提高克服沟通障碍的能力。

（3）培养队员在解决问题时合理分配人力资源、分工协作的能力。

（三）安全要求

（1）安全布置必须在队员站上木板时首先宣布。

（2）所有队员注意活动范围，提醒队员身处1米以上高度、活动宽度仅为30厘米，活动过程中谨防因忘记或拥挤掉下木板。

（3）任何队员不得从木板上跳下，包括项目结束时。因为长时间站立导致腿部麻木，跳下时易出现危险。

（四）项目回顾

（1）我们的方案是如何产生的？

（2）你们认为最佳解决方案是什么？

（3）有人想到好的方法了吗？说出来了吗？有人已经提出为什么没被采纳？

（4）发生争论怎么办？

（5）项目成功取决于哪些因素？

（五）理论提升

1. 经典的管理

在20世纪初期，在科学管理领域做出的最大贡献是提出系统科学的管理方法，该方法的核心是提出了管理的五个大的要素，分别是计划、组织、指挥、协调、控制。研究表明，哪怕是在新经济条件之下的企业，管理的核心，仍然是把这几个要素作为根基的。

罐头鞋属于非常经典的团队拓展训练内容，适合企业和组织管理基础，在该项目的整个完成进程当中，均得到了认证。虽然我们均特别强调沟通以及合作的重要价值，但是周密计划、有效组织、统一指挥、过程协调、有力控制等所处的地位是一致的。

2. 计划与组织绩效

计划是组织工作顺利推进的基础与前提条件，在这一过程当中涉及目标制定与达成方法。计划规定行为方向，能够有效减少变化的冲击性，尽可能地减少浪费以及冗余问题，便于实际控制。在项目实践当中发现，假如不存在周密计划，作为有效支持，会出现各种资源的浪费问题，甚至是将整个项目逼到绝路上。团队成员在开始阶段，挪动木板以及油罐之前，就要把制订周密计划作为根本方向。在实际行动的过程当中，还需要立足实际，科学调控相关方案，对计划进行优化调整，进而将计划进行有效落实，最终收获成功。

3. 最优化决策模型与满意解决模型

最优化决策模型指的是个体为得到最佳结果而选用的理性化决策，在罐头鞋这个项目实践当中，确定方案的过程事实上就是探寻最优策略的过程。这个模型总共包含六个重要步骤，分别是分析决策需求、明确决策标准、开发备选方案、评估备选方案、选取最佳方案以及解决执行过程中的问题。根据这个模型，理性化的决策者会选择能够保证效益最大化的解决方案。

上面所提到的模型假设信息完全，全部选项均为已知，设置偏好非常明确，而这些条件在具体操作环节通常是不能有效满足的。在这个项目的决策当中，集体决策信息较少，时间比较短，决策者通常会把问题进行调整，使其易于理解，选择重要内容，在简化模型范围之内实施有限理性行为，也就是得到满意解决模型。

满意解决模型指的是决策者运用非常熟悉和习惯的方法，对备选方案进行考量，而方案并不是没有穷尽的，一旦找到第一个足够好并且能够胜任的解决方案，那么，找方案的这项工作即完成，并步入到操作阶段。在实际工作当中，企业会遇到机遇与挑战，而时间就是生命与金钱，假如不能够及时面向市场，给出有效反应，只是关注最优投资方向的选择，极有可能失去最佳机会。

4. 沟通与工作绩效

沟通的过程包括七个部分，即信息源、信息、编码、通道、解码、接收者和反馈。沟通特别容易受信息传递当中干扰因素的影响，就在这个项目当中，彼此的沟通是在同一条线上的，涉及的中间环节很多，于是在信息传播中就会受到多个因素的干扰，特别容易出现信息失真的问题，想要实现充分沟通也非常困难。要实现有效的信息反馈，更是难上加难。面对如此情况，想要实现民主平等，把意见集中起来是很难的。团队要有强有力的领导，实施意见的集中工作。因此，团队是否可以收获成功，在极大程度上与队长作用的发挥有关，需要队长和团队的各个成员实现双向密切沟通，确保队长可以倾听差异化的意见与建议，把大家的集体意见和思想结合起来，以便利用这样的方法，在尽可能短的时间内达成团队整体目标。在这个项目当中，也涉及了诸多企业的实际情况内容，组织当中有沟通环节非常多的情况，组织层次数量较多，导致沟通和反馈受影响，进而对这个企业的工作效率带来影响。领导不能够在这个过程当中发挥一些协调沟通以及平衡利益的积极作用，无法推动企业资源整合和提升绩效水平。

（六）经典案例

北京某大学的企业家特训班当中，出现了激烈争吵的问题，因为没有办法得到一个一致的意见，于是在 40 分钟的时间当中，没有移动一步。

某 IT 知名企业在 VCD 市场火爆时，投资了 1 亿元，但是在一年之后出现了严重亏损的情况，原来是想要在原有投资基础之上增加 1 亿元，但是在经过论证之后，放弃了这个项目，把 1 亿元投入熟悉行业，迅速获得丰厚回报，也收回了亏损严重的投资，从中深刻认识到做正确的事时要将事做正确。

第三节 地面与沟通项目

一、有轨电车

（一）项目简介

（1）项目名称：有轨电车。

（2）项目性质：团队挑战项目。

（3）任务：有轨电车是一个以团队挑战为主的项目，团队项目11人为一组站在板上，手拉绳子共同前进到终点，可以进行竞赛。

（二）场地和器材

（1）一块平整且足够大的水泥场地。

（2）每组各两块长5～7米、宽15～20厘米、厚6～9厘米的长板。在长板上，距板头15厘米开始打孔，每60厘米打一孔（打在板中间），从孔中穿过120厘米的直径1.5～2.0厘米的绳子，在下方打结。

（三）项目培训目标

（1）培养队员获取胜利的信心和勇于向前的精神。

（2）学会提前演练与总结经验对实际工作的价值。

（3）体会协作的一致性与指挥方式对完成任务的作用。

（4）培养学生理解个人、小团队、大团队的关系。

（四）安全要求

（1）学生如有严重外伤史和不适合剧烈运动的可以不做此项目。

（2）尽量安排在平整的场地上。

（3）避免学生在过程中速度过快。

（4）如果安排拐弯，此处要防侧滑。

（五）项目回顾

（1）对活动中存在的问题进行简单的回顾，尤其是那些起到关键作用的队员。

（2）完成任务的方法需要所有人共同协商，就此和队友们分享自己的感受。

（3）经验是从不断尝试与失败中总结出来的，积极的尝试对完成任务的重要作用。

（4）统一的指挥对完成任务的重要作用，指挥者和领导者的异同是什么？

（5）团结就是力量。

二、盲人方阵

（一）项目简介

（1）项目名称：盲人方阵。

（2）项目性质：团队合作项目。

（3）任务：所有队员先戴好眼罩，并在规定的时间内，用培训师给出的绳子围成一个面积最大的正方形，所有人相对均匀地分布在这个正方形的四边。

（二）项目培训目标

（1）培养团队成员的沟通意识。

（2）理解团队领导人及其领导风格对完成任务的影响和重要作用。

（3）培养团队决策能力。

（4）培养队员科学的思维方式。

（5）使队员理解角色定位及尽职尽责地完成本职工作的重要性。

（三）安全要求

（1）要求地面平整，周围没有硬、凸、尖物体，以保证队员的安全。

（2）注意不能让绳子绊倒队员，并阻止队员向不安全地带移动。

（3）在夏天应注意预防队员中暑，选择阴凉场地，关注队员状态，准备预防药品，相应缩短项目时间。

（四）项目回顾

（1）在这个项目中最困难的环节是什么？

（2）在制订方案时是否明确目标和规则？

（3）在团队开始行动时团队中的每个人是否明确行动方案？

（4）团队中的成员为什么在方案确定之后还要争论？

（5）你刚才的语言其他队员是否明白？

（五）理论提升

1. 有效团队的特征

（1）具有共同的目标。

（2）每个团队成员都明确自己的角色和职责。

（3）团队成员有共同的价值观。

（4）团队成员之间优势互补。

（5）所有团队成员都对团队的力量有信心。

（6）坦诚、信任有利于形成良好的工作环境。

（7）有效的沟通。

（8）富有建设性的冲突。

（9）优秀的领导人。

2. 领导风格与团队绩效

领导风格是指领导者的行为方式，领导风格一般分为专制型和民主型。

专制型领导风格导致团队内部信息流动不畅，容易产生猜疑与传闻的气氛，而且压抑了团队成员的主动创造精神，削弱了团队成员对共同任务的责任感，工作变成了一种形式上的义务，工作积极性显著下降。但是，这种领导风格对于完成一些紧急任务非常有效。

民主型领导在工作中总是能够发动全体团队成员的积极性，做决策时也总是考虑大多数人的意见，这种领导风格使得团队气氛比较和谐，易于发挥团队成员的积极性和创造性。但是，这种领导风格有时会导致工作和决策效率低下。

3. 群体决策与个人决策

（1）群体决策有以下主要优点：更完整的信息和知识、增加观点的多样性、提高决策的可接受性等。但它也有浪费时间、制造从众压力、责任不清、易为少数人控制等不足。

（2）个人决策的优点是决策效率比较高，但是，由于缺乏足够的信息支持，个人决策导致决策失误的可能性比较大。

（3）群体决策和个人决策孰优孰劣取决于衡量决策效果的标准。就速度而言，个人决策优势更大。如果认为创造性和方案的可接受性更重要，那么群体决策比个人决策更有效。

4. 沟通与团队绩效

所谓沟通，是指信息的交换和意义的传达，也是人与人之间传达思想观念、表达感情的过程。沟通在组织或者群体当中发挥这四种主要功能，即控制、激励、情绪表达与信息。对于团队而言，要想创造出更高的绩效，必须加强沟通。

三、地龙争霸

（一）项目简介

（1）项目名称：地龙争霸。

（2）项目性质：团队合作项目。

（3）任务：利用报纸和钉子制成一条履带，或已经定制好的横幅履带，要求在前进后退过程中，履带不能断裂，以比赛过程中履带不断裂最先到达指定点为胜。

（二）项目培训目标

（1）团队协作，迅速制订出合理的方案。

（2）行进过程中，协调一致，避免相互指责。

（3）每个人在行动过程中都是重要的，是团队中不可缺少的。

（4）学会相互鼓励、相互信任，危急关头迅速处理各种突发事件。

（5）视成功为目标，培养团队荣誉感。

（三）安全要求

地面必须平坦，没有阻碍物。

（四）项目回顾

（1）对活动中存在的问题进行简单的回顾，尤其是那些起到关键作用的队员。

（2）完成任务的方法需要所有人共同协商，就此和队友们分享自己的感受。

（3）经验是从不断尝试与失败中总结出来的，积极的尝试对完成任务的重要作用。

（4）统一的指挥对完成任务的重要作用，指挥者和领导者的异同是什么？

（5）团结就是力量。

四、七巧板

（一）项目简介

（1）项目名称：七巧板。

（2）项目性质：团队协作项目。

（3）任务：把整个团队分成7个小组，每个小组都拥有自己的任务书，也会得到相应的资源，利用资源按照任务书所规定的规则进行项目，达到团队积分1000分的目标。

（二）项目培训目标

（1）培养团队成员主动沟通与合作的意识，体验有效的沟通渠道和沟通方法。

（2）培养市场开拓意识，更新产品创新观念。

（3）培养队员科学系统的思维方式，增强全局观念。

（4）体会不同的领导风格对于团队完成任务的影响和重要作用。

（三）项目回顾

（1）快速计算出队员的得分，并将它写在计分板上。

（2）组织队员围坐在一起，每一个组先派一个代表或者所有的人都简单地发表自己的看法。

（3）资源和信息的优化配置根本不可能在很多局部"小交易"中进行，也不可能达到人们想要的结果。个体的利益追求如果没有大团队目标的指引和规定，必将会出现小团队为获取自身利益的最大化而不顾大局，从而导致系统的崩溃和项目的失败。

第四节　热身游戏

一、松鼠与大树

（一）项目简介

（1）项目名称：松鼠与大树。

（2）项目性质：训前热身。

（3）任务：

①3人一组，两人扮成大树，伸出双手蹲在地上搭成一个圆圈；一人扮成松鼠，并站在圆圈中间。也可以大树站着，松鼠下蹲，安排至少1位或2位为自由人。

②由教练员下令，口令有三种：第一个口令，教师喊"松鼠"，大树不动，扮演"松鼠"的人就必须离开原来的大树，重新选择其他的大树；第二个口令，教练喊"大树"，松鼠不动，扮演"大树"的人就必须离开原先的同伴重新组合成大树，并圈住松鼠；第三个口令，教练喊"地震"，扮演大树和松鼠的人全部

打散并重新组合，扮演大树的人可以做松鼠，松鼠也可以做大树。

③听到教练的口令后，大家快速行动，不要成为落单的角色。

（二）项目活动目的

松鼠与大树作为热身或者辅助项目，能够很好地打破团队坚冰，营造团队气氛，当然作为一个热身游戏也未尝不可。

（三）安全要求

（1）松鼠跳出树洞时不要踢伤同伴。

（2）活动中不要撞伤同伴。

二、牵手结

（一）项目简介

（1）项目名称：牵手结。

（2）项目性质：团队合作项目。

（3）任务：重点是做肩臂部位关节的活动，可以用手臂波浪和轮流转身活动。让所有队员站成一个肩并肩的面向圆心的圆圈，队员先举起左手，去握住与你不相邻的人的左手。然后举起右手，去握住与你不相邻人的右手，并且不握同一个人的手，下面队员就会面对一个复杂的乱网，要求团队成员共同努力，将其解开。

（二）项目培训目标

（1）学习如何通过观察和沟通解决问题的能力。

（2）培养协作精神，创建团队。

（三）项目活动要求

（1）做简单的肩臂部位关节热身操，可以用手臂波浪和轮流转身活动。

（2）所有学生肩并肩站成一个面向圆心的圆圈。

（3）先举起左手，去握住不相邻的人的左手。

（4）再举起你的右手，去握住与你不相邻的人的右手，并且不握同一个人的手。

（5）面对一个复杂的乱网，要求团队成员共同努力将其解开。

（6）当出现反关节动作并且学生感觉痛苦时，可在手保持接触的情况下松开调整后再握紧。

（7）可以随意握住对面不相邻的两个人的手进行尝试。

（四）项目安全要求

（1）要求学生摘除身上的硬物。

（2）在学生出现反关节动作并且感觉痛苦时，不得强行逆转。

（3）注意在跨越学生手臂时不要用膝盖和脚碰到其他学生的脸部。

三、笑傲江湖

（一）项目简介

（1）项目名称：笑傲江湖。

（2）项目性质：训前热身。

（3）任务：要求队员运用自己的智慧以最快的速度到达项目的最后一个环节——笑傲江湖。

（二）项目活动要求

首先要大家用四个动作及声音表示蛋、小鸡、母鸡及笑傲江湖。

（1）开始时，各人都是蛋，大家便要做蛋状及走动。

（2）每组两人猜（剪刀、石头、布），输的便是蛋，胜的变成小鸡。

（3）按照大家的动作及声音找同类猜（剪刀、石头、布）。例如：小鸡找小鸡，胜方变为母鸡，输的变回蛋。母鸡再找母鸡，胜方即成为笑傲江湖。

（4）如此玩下去，直至成为笑傲江湖的便是胜利，最后会剩下3人，分别为蛋、小鸡、母鸡，他们均找不到相同身份的来对猜，大家便可惩罚他们。

参考文献

[1] 王捷二. 拓展训练在高校学生素质培养中的应用 [J]. 教育理论与实践 ,2004（2）:34–37.

[2] 于秋芬 , 王立春 . 拓展训练在普通高校体育实践教学中开展的可行性探讨 [J]. 牡丹江师范学院学报（自然科学版),2007（1）:49–50.

[3] 李薇 , 肖丽哲 . 拓展训练在高校大学生素质教育中的应用 [J]. 思想政治教育研究 ,2008（2）:90–92.

[4] 陈军 . 拓展训练对促进高校大学生心理健康发展的研究 [J]. 太原师范学院学报（社会科学版),2008（4）:148–149.

[5] 刘庆君 . 团队拓展训练教程 [M]. 大连：东北财经大学出版社 ,2011.

[6] 徐建国 . 高职院校开设拓展训练课程的可行性研究 [J]. 黑龙江高教研究 ,2013,31（5）:140–141.

[7] 孟凡会 , 张伟东 . 高校开展拓展训练的制约因素及对策分析 [J]. 黑龙江高教研究 ,2013,31（7）:189–191.

[8] 万宏伟 , 王腊姣 . 高校体育课中开展拓展训练的实践研究 [J]. 武汉体育学院学报 ,2014,48（4）:93–96.

[9] 勾凤云 . 素质拓展训练与新时期高校体育教学相融合的路径探讨 [J]. 兰州教育学院学报 ,2015,31（1）:81–82.

[10] 黄晓山 . 课外阅读与拓展训练在初中语文作文教学中的运用 [J]. 中国校外教育 ,2015（8）:47.

[11] 刘炳泽 . 高校体育教学引入拓展训练课程的实践思考 [J]. 当代体育科技 ,2015,5（16）:114–115.